安徽省高等学校省级质量工程项目

安徽省一流教材建设（编号：2021yljc032）

机电一体化技术实训教程（第2版）

主　编　张春燕　乔印虎　鲍官培

副主编　方　梅　彭　正　张　刚

参　编　王晴晴　黄　鑫　柏云磊　王　成　曹鹏飞

重庆大学出版社

内容提要

本书是安徽科技学院省级质量工程项目工程训练系列实训教材之一。主要针对机电一体化实习实训和大学生科技竞赛,基于 PLC 工业自动化生产线控制,开展 PLC 编程、工业机械手控制、传感器应用、气动设计、机械装置安装调试、现场总线通信、监控界面设计、电路设计与连接等项目教学,包括 PLC 基础知识、THMSRX-3 型 MES 网络型模块式柔性自动化生产线实训系统、智能农机装备共性关键技术、典型农机装备设计案例等。全书以项目形式展开,以企业生产实际为背景,以复杂工程问题为载体,采用小组的形式进行研究。全书内容完整、结构合理。通过学习本书,学生可以掌握机、电、液、光、气等工业自动化设备开发与控制的基本思路、方法、技术,在实践中激发学习热情。本书可作为应用型本科院校开设的机械类专业的教材,也可以作为从事设备维修与管理的技术人员的参考用书和培训教材。

图书在版编目(CIP)数据

机电一体化技术实训教程 / 张春燕,乔印虎,鲍官培主编. -- 2 版. -- 重庆:重庆大学出版社,2024.4
ISBN 978-7-5689-4492-2

Ⅰ. ①机… Ⅱ. ①张… ②乔… ③鲍… Ⅲ. ①机电一体化—高等学校—教材 Ⅳ. ①TH-39

中国国家版本馆 CIP 数据核字(2024)第 095825 号

机电一体化技术实训教程
(第 2 版)

主 编 张春燕 乔印虎 鲍官培
副主编 方 梅 彭 正 张 刚
参 编 王晴晴 黄 鑫 柏云磊
       王 成 曹鹏飞
策划编辑:鲁 黎

责任编辑:文 鹏   版式设计:鲁 黎
责任校对:邹 忌   责任印制:张 策

*

重庆大学出版社出版发行
出版人:陈晓阳
社址:重庆市沙坪坝区大学城西路 21 号
邮编:401331
电话:(023)88617190 88617185(中小学)
传真:(023)88617186 88617166
网址:http://www.cqup.com.cn
邮箱:fxk@cqup.com.cn(营销中心)
全国新华书店经销
重庆亘鑫印务有限公司印刷

*

开本:787mm×1092mm 1/16 印张:12.75 字数:350 千
2017 年 2 月第 1 版 2024 年 4 月第 2 版 2024 年 4 月第 2 次印刷
ISBN 978-7-5689-4492-2 定价:48.00 元

前 言

　　"十四五"时期,是我国由全面建成小康社会向基本实现社会主义现代化迈进的关键时期,也是深入贯彻落实国务院《关于加快推进农业机械化和农机装备产业转型升级的指导意见》,推动农业机械化向全程全面高质高效转型升级的重要阶段。农业农村部在农业机械化工作会议上提出"十四五"重点任务:要支撑保供,强化核心技术和关键装备研发,推动各产业、各区域、各环节努力实现机械化全覆盖,在确保粮食等重要农产品供给安全上提供支撑;要聚力衔接,加快丘陵山区、革命老区、边疆边远等地区机械化发展,在巩固拓展脱贫攻坚成果同乡村振兴有效衔接上用力;要助力建设,加快推进机械化、智能化,在现代设施农业、智慧农业和数字乡村建设上主动入位;要盯紧要害,推进机械化与品种选育、耕地质量提升、绿色低碳发展紧密融合;要关注禁渔,在满足长江流域退捕转产渔民对机械化技术及装备需求上精准对接;要融入改革,大力发展农机社会化服务,以机械化促进农业生产关系、经营模式创新,在实现小农户与现代农业有机衔接上担当作为。

　　实施科教兴国、科教兴皖是建设安徽教育强省的关键。汇聚更多优质资源,培育高素质应用型人才是应用型本科高校的建设目标。应切实加强应用型课程建设,处理好课程资源共建与共享问题,推进课程改革,加强教材建设,建立健全教材质量监管制度,深入研究应用型人才必须掌握的核心内容,以精编应用型教材为抓手,形成教学内容更新机制。并在构建基于知识分类与职业分类相结合的课程体系、确定核心课程、建立突出应用能力和素质培养的课程标准的基础上,为应用型人才培养编写质量较高、针对性和实用性强的省级规划教材。

　　本书是在应用型联盟高校的框架下,把开设有机电类专业的几所高校教师和相关企业的人员组织起来,由安徽科技学院牵头编写的省级规划教材。编写时遵循了以下几条原则:

1. 以培养学生工程能力为根本目的。

2. 要有相关企业技术人员参与编写或修改，以更贴近生产企业实际生产场景。

3. 实训以柔性生产线为对象，举一反三，将设备故障分析和判断具体化，贴近企业生产实际。

4. 教材编写以项目形式进行，便于教学组织。

本书共分为 PLC 基础知识、THMSRX-3 型 MES 网络型模块式柔性自动化生产线实训系统、智能农机装备共性关键技术和典型智能农机装备设计案例等内容。本书由张春燕、乔印虎、鲍官培担任主编，方梅、彭正、张刚任副主编，王晴晴、黄鑫、柏云磊、王成、曹鹏飞参编。其中张春燕、方梅、张刚、王晴晴、黄鑫等主要完成智能农业装备部分编写；乔印虎、鲍官培、彭正、王成、曹鹏飞、柏云磊等主要完成机电控制通用技术部分编写。

本书是立足于应用型高校，组织有丰富实践经验的教师精编的应用型实训教材，同时，充分发挥由校内外学术专家和行业专家构成的学科专业和课程建设指导委员会的作用，对应用型教材的编写进行充分论证。

本书旨在培养学生的数字化设计能力，以及数控设备、柔性加工系统等机电一体化产品调试、诊断、维护等实际操作技能，具备机电一体化产品的设计开发、运用、故障诊断与维护能力。内容紧密对接中国制造 2025 和安徽省工业制造 2025 规划，为新型工业化人才培养提供参考。

本书的编写得到了应用型联盟高校、大学生智能农业装备创新大赛组委会及相关参赛高校队伍和相关企业的大力协助，在此谨致诚挚的谢意！但由于编者缺乏经验和水平有限，教材中难免有疏漏之处，恳请业内人士批评指正，以便修订。

编　者

2024 年 1 月

目 录

3

第 **1** 章
可编程控制器简介

近年来,我国科技创新实力从量的积累迈向质的飞跃,从点的突破迈向系统能力提升。其中,制造业的发展令人瞩目,自动化制造业中主要控制器之一的可编程控制器起到了重要的作用。我国在可编程控制器方面也取得了长足的进步,创立了一批优质的可编程控制器自主品牌。

可编程序控制器,英文名称 Programmable Controller,简称 PC。但由于 PC 容易和个人计算机(Personal Computer)混淆,故人们仍习惯地用 PLC 作为可编程序控制器的缩写。它是以微处理器为核心,专为在工业现场应用而设计,它采用可编程序的存储器,在其内部存储执行逻辑运算、顺序控制、定时/计数和算术运算等操作指令,并通过数字式或模拟式的输入、输出接口,控制各种类型的机械或生产过程。PLC 是微机技术与传统的继电接触控制技术相结合的产物,它克服了继电接触控制系统中机械触点的接线复杂、可靠性低、功耗高、通用性和灵活性差的缺点,充分利用了微处理器的优点,又照顾到现场电气操作维修人员的技能与习惯,特别是 PLC 的程序编制,不需要专门的计算机编程语言知识,而是采用了一套以继电器梯形图为基础的简单指令形式,使用户程序编制形象、直观、方便易学;调试与查错也都很方便。用户在购到所需的 PLC 后,只需按说明书的提示,做少量的接线和简易的用户程序编制工作,就可灵活方便地将 PLC 应用于生产实践。

PLC 是一种重要的控制设备。目前,世界上有 200 多厂家生产 300 多品种 PLC 产品,应用在汽车(23%)、粮食加工(16.4%)、化学/制药(14.6%)、金属/矿山(11.5%)、纸浆/造纸(11.3%)等行业。相关专业的学生,在校阶段学习和掌握 PLC 的有关原理、结构、功能和使用方法,对其将来从事相关工作有着积极的作用。

1.1 PLC 的发展历程

工业生产过程中有大量的开关量顺序控制,它按照逻辑条件进行顺序动作,并按照逻辑关系进行连锁保护动作的控制及大量离散量的数据采集。传统上,这些功能是通过气动或电气控制系统来实现的。1968 年行业提出取代继电器控制装置的要求,第二年,行业内首次研制了基于集成电路和电子技术的控制装置,首次采用程序化的手段应用于电气控制,这就是

1

第一代可编程序控制器,称 Programmable Controller(PC)。个人计算机(简称"PC")发展起来后,为了方便,也为了反映可编程控制器的功能特点,可编程序控制器定名为 Programmable Logic Controller(PLC)。PLC 的定义有许多种。国际电工委员会(IEC)对 PLC 的定义是:可编程控制器是一种数字运算操作的电子系统,专为在工业环境下应用而设计。它采用可编程序的存储器,用来在其内部存储执行逻辑运算、顺序控制、定时、计数和算术运算等操作指令,并通过数字的、模拟的输入和输出,控制各种类型的机械或生产过程。可编程序控制器及其有关设备,都应按易于与工业控制系统形成一个整体、易于扩充其功能的原则设计。20 世纪 80年代至 90 年代中期,是 PLC 发展最快的时期,年增长率一直保持为 30% ~ 40%。在这时期,PLC 在处理模拟量能力、数字运算能力、人机接口能力和网络能力得到大幅度提高,PLC 逐渐进入过程控制领域,在某些应用上取代了在过程控制领域处于统治地位的 DCS 系统。PLC 具有通用性强、使用方便、适应面广、可靠性高、抗干扰能力强、编程简单等特点。PLC 在工业自动化控制特别是顺序控制中的地位,在可预见的将来,是无法取代的。了解、学习、掌握 PLC的基本结构、控制原理和使用方法等,有助于我们的学生在未来的职业生涯中,获得更好的发展。

1.2　PLC 的结构及各部分的作用

PLC 的类型繁多,功能和指令系统也不尽相同,但结构与工作原理则大同小异,通常由主机、输入/输出接口、电源扩展器接口和外部设备接口等几个主要部分组成。PLC 的硬件系统结构如图 1-2-1 所示。

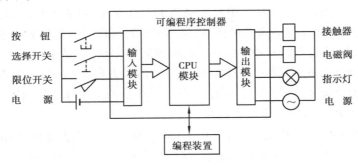

图 1-2-1　PLC 的硬件系统结构

1.2.1　主机

主机部分包括中央处理器(CPU)、系统程序存储器、用户程序及数据存储器。CPU 是PLC 的核心,它用以运行用户程序、监控输入/输出接口状态、作出逻辑判断和进行数据处理,即读取输入变量、完成用户指令规定的各种操作,将结果送到输出端,并响应外部设备(如电脑、打印机等)的请求以及进行各种内部判断等。PLC 的内部存储器有两类:一类是系统程序存储器,主要存放系统管理和监控程序及对用户程序作编译处理的程序。系统程序已由厂家固定,用户不能更改。另一类是用户程序及数据存储器,主要存放用户编制的应用程序及各种暂存数据和中间结果。

CPU 是 PLC 的核心,起神经中枢的作用,每套 PLC 至少有一个 CPU,它按 PLC 的系统程序赋予的功能接收并存贮用户程序和数据,用扫描的方式采集由现场输入装置送来的状态或数据,并存入规定的寄存器中,同时,诊断电源和 PLC 内部电路的工作状态和编程过程中的语法错误等。进入运行后,从用户程序存储器中逐条读取指令,经分析后再按指令规定的任务产生相应的控制信号,去指挥有关的控制电路。

CPU 主要由运算器、控制器、寄存器及实现它们之间联系的数据、控制及状态总线构成,CPU 单元还包括外围芯片、总线接口及有关电路。内存主要用于存储程序及数据,是 PLC 不可缺少的组成单元。

在使用者看来,不必详细分析 CPU 的内部电路,但对各部分的工作机制还是应有足够的理解。CPU 的控制器控制 CPU 工作,由它读取指令、解释指令及执行指令,但工作节奏由振荡信号控制。运算器用于进行数字或逻辑运算,在控制器指挥下工作。寄存器参与运算,并存储运算的中间结果,它也是在控制器指挥下工作。

CPU 速度和内存容量是 PLC 的重要参数,它们决定着 PLC 的工作速度、I/O 数量及软件容量等,因此限制着控制规模。

1.2.2　输入/输出(I/O)接口

PLC 与电气回路的接口,是通过输入输出部分(I/O)完成的。I/O 模块集成了 PLC 的 I/O 电路,其输入暂存器反映输入信号状态,输出点反映输出锁存器状态。输入模块将电信号变换成数字信号进入 PLC 系统,输出模块则相反。I/O 分为开关量输入(DI)、开关量输出(DO)、模拟量输入(AI)、模拟量输出(AO)等模块。

开关量是指只有开和关(或 1 和 0)两种状态的信号,模拟量是指连续变化的量。常用的 I/O 分类如下:

开关量:按电压水平分,有 220 VAC、110 VAC、24 VDC,按隔离方式分,有继电器隔离和晶体管隔离。

模拟量:按信号类型分,有电流型(4 ~ 20 mA,0 ~ 20 mA)、电压型(0 ~ 10 V,0 ~ 5 V,10 ~ 10 V)等,按精度分,有 12 bit,14 bit,16 bit 等。

除了上述通用 I/O 外,还有特殊 I/O 模块,如热电阻、热电偶、脉冲等模块。

按 I/O 点数确定模块规格及数量,I/O 模块可多可少,但其最大数受 CPU 所能管理的基本配置的能力,即受最大的底板或机架槽数限制。

I/O 接口是 PLC 与输入/输出设备连接的部件。输入接口接受输入设备(如按钮、传感器、触点、行程开关等)的控制信号。输出接口是将主机经处理后的结果通过功放电路去驱动输出设备(如接触器、电磁阀、指示灯等)。I/O 接口一般采用光电耦合电路,以减少电磁干扰,从而提高了可靠性。I/O 点数即输入/输出端子数是 PLC 的一项主要技术指标,通常小型机有几十个点,中型机有几百个点,大型机将超过千点。

1.2.3　电源

图 1-2-1 中电源是指为 CPU、存储器、I/O 接口等内部电子电路工作所配置的直流开关稳压电源,通常也为输入设备提供直流电源。

PLC 电源用于为 PLC 各模块的集成电路提供工作电源。同时,有的还为输入电路提供 24 V 的工作电源。电源输入类型有:交流电源(220 VAC 或 110 VAC),直流电源(常用的为 24 VDC)。

1.2.4　编程装置

编程装置是用户用来输入、检查、修改、调试程序或监视 PLC 工作情况的设备,通过专用的 PN 电缆线将 PLC 与电脑连接,并利用专业软件进行电脑编程和监控。

1.2.5　外部设备接口

此接口可将打印机、条码扫描仪、变频器等外部设备与主机相连,以完成相应的操作。

项目装置提供的主机型号有西门子 S7-1200 系列的 CPU224(AC/DC/RELAY)。输入点数为 14,输出点数为 10;CPU226(AC/DC/RELAY),输入点数为 26,输出点数为 14。

1.2.6　底板或机架

大多数模块式 PLC 使用底板或机架,其作用是:电气上,实现各模块间的联系,使 CPU 能访问底板上的所有模块;机械上,实现各模块间的连接,使各模块构成一个整体。

1.2.7　存储器

按照存储器性质不同,存储器单元可分为随机存储器(RAM)和只读存储器(ROM)两种。RAM 存储器可以随时读写,而且速度很快,它是易失性存储器,电压中断后存储的信息将会丢失,通常作为操作系统或其他正在运行中的程序的临时数据存储介质。ROM 存储器的内容只能读取不能写入,它是非易失性存储器,电源消失后仍能保存存储内容,一般用来存放 PLC 的操作系统。

1.2.8　人机界面

最简单的人机界面是指示灯和按钮,目前液晶屏(或触摸屏)式的一体式操作员终端应用越来越广泛,由计算机(运行组态软件)充当人机界面非常普及。

1.2.9　PLC 的通信联网

依靠先进的工业网络技术可以迅速有效地收集、传送生产和管理数据。因此,网络在自动化系统集成工程中的重要性越来越显著,甚至有人提出"网络就是控制器"的观点。PLC 具有通信联网的功能,它使 PLC 与 PLC 之间、PLC 与上位计算机以及其他智能设备之间能够交换信息,形成一个统一的整体,实现分散集中控制。多数 PLC 具有 RS-232 接口,还有一些内置有支持各自通信协议的接口。PLC 的通信,还未实现互操作性,IEC 规定了多种现场总线标准,PLC 各厂家均有采用。对于一个自动化工程(特别是中大规模控制系统)来讲,选择网络非常重要。首先,网络必须是开放的,以方便不同设备的集成及未来系统规模的扩展;其次,针对不同网络层次的传输性能要求,选择网络的形式,这必须在较深入地了解该网络标准的协议、机制的前提下进行;最后,综合考虑系统成本、设备兼容性、现场环境适用性等具体问题,确定不同层次所使用的网络标准。

1.3　PLC 的工作原理

PLC 是采用"顺序扫描,不断循环"的方式进行工作的。即在 PLC 运行时,CPU 根据用户按控制要求编制好并存于用户存储器中的程序,按指令步序号(或地址号)作周期性循环扫描,如无跳转指令,则从第一条指令开始逐条顺序执行用户程序,直至程序结束。然后重新返回第一条指令,开始下一轮新的扫描。在每次扫描过程中,还要完成对输入信号的采样和对输出状态的刷新等工作。

PLC 的一个扫描周期必经输入采样、程序执行和输出刷新三个阶段。

输入采样阶段:PLC 以扫描方式按顺序将所有暂存在输入锁存器中的输入端子的通断状态或输入数据读入,并将其写入各对应的输入状态寄存器中,即刷新输入。随即关闭输入端口,进入程序执行阶段。

程序执行阶段:PLC 按用户程序指令存放的先后顺序扫描执行每条指令,经相应的运算和处理后,其结果再写入输出状态寄存器中,输出状态寄存器中所有的内容随着程序的执行而改变。

输出刷新阶段:当所有指令执行完毕,输出状态寄存器的通断状态在输出刷新阶段送至输出锁存器中,并通过一定的方式(继电器、晶体管或晶闸管)输出,驱动相应输出设备工作。

1.4　PLC 的程序编制

1.4.1　编程元件

PLC 是采用软件编制程序来实现控制要求的。编程时要使用到各种编程元件,它们可提供无数个动合和动断触点。编程元件是指输入寄存器、输出寄存器、位存储器、定时器、计数器、通用寄存器、数据寄存器及特殊功能存储器等。

PLC 内部这些存储器的作用和继电接触控制系统中使用的继电器十分相似,也有"线圈"与"触点",但它们不是"硬"继电器,而是 PLC 存储器的存储单元。当写入该单元的逻辑状态为"1"时,则表示相应继电器线圈得电,其动合触点闭合,动断触点断开。因此,内部的这些继电器称为"软"继电器。

S7-1200 系列部分性能对比见表 1-4-1。

表 1-4-1　S7-1200 系列部分性能对比

型号	CPU 1211C	CPU 1212C	CPU 1214C	CPU 1215C	CPU 1217C
外观					

续表

型号	CPU 1211C	CPU 1212C	CPU 1214C	CPU 1215C	CPU 1217C
3 CPUS	DC/DC/DC. ACIDCIRLY, DC/DCIRLY				DCIDGDC
物理尺寸(mm)	90×100x75		110x100x75	130×100×75	150×100×75
用户存储器					
• 工作存储器	• 50 kB	• 75 kB	• 100 kB	• 125 kB	• 150 kB
• 装载存储器	• 1 MB	• 1 MB	• 4 MB	• 4 MB	• 4 MB
• 保持性存储器	• 10 kB	• 10 kB	• 10 kB	• 10 kB	• 10 kB
本体集成 I/O					
• 数字量	• 6 点输入/ 4 点输出	• 8 点输入/ 6 点输出	• 14 点输入/ 10 点输出	• 14 点输入/10 点输出	
• 模拟量	• 2 路输入	• 2 路输入	• 2 路输入	• 2 路输入/2 路输出	
过程映像大小	1 024 字节输入(I) 和 1 024 字节输出(Q)				
位存储器(M)	4 096 个字节		8 192 个字节		
信号模块扩展	无	2	8		
信号板	1				
最大本地 I/O-数字量	14	82	284		
最大本地 I/O-模拟量	3	19	67	69	
通信模块	3（左侧扩展）				
高速计数器 • 单相	3 路 • 3 个,100 kHz • 3 个,80 kHz	5 路 • 3 个,100 kHz 1 个,30 kHz • 3 个,80 kHz	6 路 • 3 个,100 kHz 3 个,30 kHz • 3 个,80 kHz	6 路 • 3 个,100 kHz 3 个,30 kHz • 3 个,80 kHz	6 路 • 4 个,1 MHz 2 个,100 kHz • 3 个,1 MHz
• 正交相位		1 个,20 kHz	3 个,20 kHz	3 个,20 kHz	3 个,100 kHz
脉冲输出	最多 4 路,CPU 本体 100 kHz,通过信号板可输出 200 kHz（CPU1217 最多 支持 1MHz）				
存储卡	SIMATIC 存储卡（选件）				
实时时钟保持时间	通常为 20 天,40 ℃时最少 12 天				
PROFINET	1 个以太网通信端口, 支持 PROFINET 通信			2 个以太网端口, 支持 PROFINET 通信	
实数数学运算执行速度	2.3 μs/指令				
布尔运算执行速度	0.08 μs/指令				

1.4.2 编程语言

所谓程序编制,就是用户根据控制对象的要求,利用 PLC 厂家提供的程序编制语言,将所有控制要求描述出来的过程。PLC 最常用的编程语言是梯形图语言和指令语句表语言,且两者常常联合使用。

1)梯形图(语言)

梯形图是一种从继电接触控制电路图演变而来的图形语言。它是借助类似于继电器的动合、动断触点、线圈,以及串、并联等术语和符号,根据控制要求联接而成的表示 PLC 输入和输出之间逻辑关系的图形,直观易懂。

梯形图中常用 ⊣⊢ ⊣/⊢ 图形符号分别表示 PLC 编程元件的动合和动断触点;用( )表示它们的线圈。梯形图中编程元件的种类用图形符号及标注的字母或数加以区别。触点和线圈等组成的独立电路称为网络,用编程软件生成的梯形图和语句表程序中有网络编号,允许以网络为单位给梯形图加注释。

梯形图的设计应注意到以下三点:

①梯形图按从左到右、自上而下的顺序排列。每一逻辑行(或称梯级)起始于左母线,然后是触点的串、并联接,最后是线圈。

②梯形图中每个梯级流过的不是物理电流,而是“概念电流”,从左流向右,其两端没有电源。这个“概念电流”只是用来形象地描述用户程序执行中应满足线圈接通的条件。

③输入寄存器用于接收外部输入信号,而不能由 PLC 内部其他继电器的触点来驱动。因此,梯形图中只出现输入寄存器的触点,而不出现其线圈。输出寄存器则输出程序执行结果给外部输出设备,当梯形图中的输出寄存器线圈得电时,就有信号输出,但不是直接驱动输出设备,而要通过输出接口的继电器、晶体管或晶闸管才能实现。输出寄存器的触点也可供内部编程使用。

2)指令语句表

指令语句表是一种用指令助记符来编制 PLC 程序的语言,它类似于计算机的汇编语言,但比汇编语言易懂易学,若干条指令组成的程序就是指令语句表。一条指令语句由步序、指令语和作用器件编号三部分组成。

如图 1-4-1 所示为用 PLC 实现三相鼠笼电动机起/停控制的两种编程语言的表示方法。

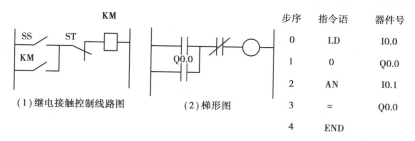

图 1-4-1　PLC 控制三相鼠笼电动机起/停控制方法

1.4.3　编程软件

目前工业针对不同的品牌 PLC,会有不同的编程软件。其中有独立开发的,比如西门子、三菱等,也有根据一个平台进行二次开发的,比如汇川、倍福等。

第 2 章
基本指令及程序设计规则

项目 2.1　PLC 基本指令

S7-1200 的 SIMATIC 基本指令简表见表 2-1-1。

表 2-1-1　S7-1200 的 SIMATIC 基本指令简表

助记符	功能说明
─┤├─	常开触点
─┤/├─	常闭触点
─┤NOT├─	取反 RLO
─( )─	赋值
─(/)─	赋值取反
─(R)	复位
─(S)	置位
SET_BF	复位区域
RESET_ BF	置位区域
SR	置位/复位触发器
RS	复位/置位触发器
─┤P├─	扫描操作数的上升沿
─(N)─	扫描操作数的下降沿
─(P)─	在信号上升沿置位操作数
─(N)─	在信号下降沿置位操作数

助记符	功能说明
SHR	字节循环右移 N 位
SHL	字节循环左移 N 位
TON	通电延时定时器
─(TOF)─	断电延时定时器
CTU	加计数器
CTD	减计数器
CTUD	加减计数器
CONVERT	转换值
ROUND	取整
CEIL	浮点数向上取整
FLOOR	浮点数向下取整
─(JMP)	若 ROL = "1" 则跳转
─(JMPN)	若 ROL = "0" 则跳转
CMP==	相等
CMP<>	不相等
CMP>=	大于等于
CMP<=	小于等于
CMP>	大于
CMP<	小于

（其他指令请自行搜索）

2.1.1　标准触点指令

─┤├─ ─┤/├─ ─( )─ ─(S)─ ─(R) 触点指令中变量的数据类型为布尔(BOOL)型。这些指令可用于将接点接到母线上,均可多次重复使用,但当需要对两个以上接点串联连接电路块的并联连接时,应注意使用水平和向下的分支符合。但是对于赋值指令,在使用时应注意双线圈的情况。PLC 程序举例如图 2-1-1 所示。

2.1.2　串联电路块的并联连接指令

两个或两个以上的接点串联连接的电路叫串联电路块。两个或两个以上的接点并联连接的电路叫并联电路块。串联电路一般为水平放置,一行不能放下时,应注意使用相应的方式进行桥接。

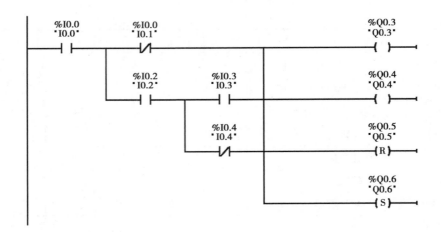

图 2-1-1 PLC 程序举例

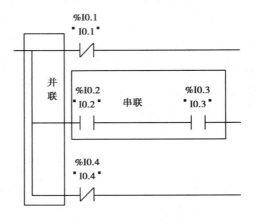

图 2-1-2 PLC 程序举例

2.1.3 输出指令

—( )— 输出指令是将继电器、定时器、计数器等的线圈与梯形图右边的母线直接连接,线圈的右边不允许有触点。在编程中,触点可以重复使用,且类型和数量不受限制。

2.1.4 置位与复位指令 S、R

—(S)— 为置位指令,使动作保持;—(R)— 为复位指令,使操作保持复位。

2.1.5 其他指令

PLC 中还有许多指令,如定时器指令、计数器指令、使能输入与输出、转换操作指令等,根据功能不同,使用在不同的场合和逻辑当中。可在软件帮助或者 PLC 手册中查阅指令详细使用功能和注意事项,结合逻辑要求,正确使用各种指令。

2.1.6 程序设计步骤

步骤 1:决定系统所需的动作及次序。

当使用可编程控制器时,最重要的一环是决定系统所需的输入及输出。输入及输出要求:

①设定系统输入及输出数目。

②决定控制先后、各器件相应关系以及作出何种反应。

步骤 2:对输入及输出器件编号。

每一输入和输出,包括定时器、计数器、内置寄存器等都有一个唯一的对应名称或编号,不能混用。

步骤 3:画出梯形图。

根据控制系统的动作要求,画出梯形图。

梯形图设计规则:

①触点应画在水平线上,并且根据自左至右、自上而下的原则和对输出线圈的控制路径来画。

②不包含触点的分支应放在垂直方向,以便于识别触点的组合和对输出线圈的控制路径。

③在有几个串联回路相并联时,应将触头多的那个串联回路放在梯形图的最上面。在有几个并联回路相串联时,应将触点最多的并联回路放在梯形图的最左面。这种安排,所编制的程序简洁明了,语句较少。

④不能将触点画在线圈的右边。

步骤 4:将梯形图转化为程序。

把继电器梯形图转变为可编程控制器的编码,当完成梯形图以后,下一步是把它的编码编译成可编程控制器能识别的程序。

这种程序语言是由序号(即地址)、指令(控制语句)、器件号(即数据)组成的。地址是控制语句及数据所存储或摆放的位置,指令告诉可编程控制器怎样利用器件作出相应的动作。

步骤 5:在编程方式下用键盘输入程序。

步骤 6:编程及设计控制程序。

步骤 7:测试控制程序的错误并修改。

步骤 8:保存完整的控制程序。

项目 2.2　MPS-500 传送带

2.2.1　准备工作

①所有设备气源打开,调节至 6 bar。

②所有设备通电,MPS 工作站的电源插在 MPS-500 上集中供电。

2.2.2　MPS-500 传送带开启

①闭合电闸(绿色开关拨到左侧),如图 2-2-1 所示,此时所有接线板会通电。

图 2-2-1　MPS-500 电闸

②旋转传送带控制柜电源(旋转到竖直方向),通电,上电后控制面板状态如图 2-2-2 所示,此时"AUTOMATIC OFF"和"CONTROLLER OFF"的指示灯常亮。

图 2-2-2　传送带控制柜电源

③按下"CONTROLLER ON"按钮,此时绿色灯亮起,"AUTOMATIC ON"灯闪烁,如图 2-2-3 所示。

图 2-2-3　CONTROLLER ON 按钮

④按下"AUTOMATIC ON"按钮,传送带启动。

2.2.3　MPS 工作站启动

①通电,电源按钮在 PLC 最左侧的电源模块上,向上扳动;通电后需要等待几秒钟,当 PLC 如图 2-2-4 显示时,为正常状态。

图 2-2-4　MPS 工作站通电

②按下控制面板上的"Reset"按钮,工作站会进行复位操作,复位完成后,"Start"灯会常亮,如图 2-2-5 所示。

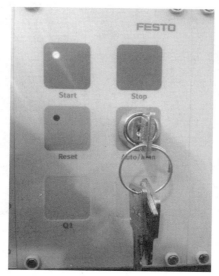

图 2-2-5　工作站复位

③按下"Start"按钮,工作站开始正常工作,等待工件。

2.2.4　WinCC 启动方法

①电脑开机,进入桌面;
②双击"WinCC"图标(图 2-2-6),进入 WinCC 界面。

图 2-2-6　WinCC 图标

③选择语言为"ENGLISH"，然后点击"Start"按钮，进入监控界面，如图 2-2-7 所示。

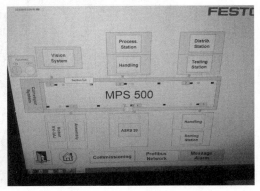

图 2-2-7　WinCC 设置及监控界面

④点击每一个工作站图标，可以看到每一个工作站的工作状态，如图 2-2-8 所示。

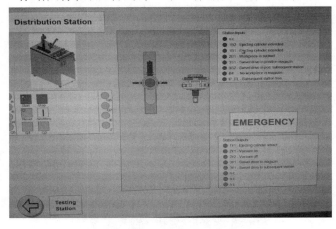

图 2-2-8　工作站工作状态

第 **3** 章
非标自动化生产线

3.1 自动化

自动化是指机械设备、系统或过程（生产、管理过程）在没有人的参与下，自动地经过检测、信息处理、分析判断，按照预先设置好的程序、参数、逻辑或者流程，进行操作或者控制的过程。

自动化装置广泛应用于工业生产、航空航天、农业装备、军事装备、船舶运输、医疗、汽车等各种行业。掌握自动化设备的基本原理、结构和运行的共性技术，有助于我们在国家未来的发展中掌握自动化设备的核心技术，进一步发展新质生产力。

3.2 生产线

工业自动化生产设备如图 3-2-1 所示。由图可以分析出离散自动化生产设备由单机设备和输送装置有机组合而成。

自动化专机：通过气动、液压、电机、传感器和电气控制系统等使设备的各部分的动作联系起来，使系统按规定的程序自动地完成产品生产加工中某一个工序或少数几个工序设备，称为自动化专机，简称自动机，其最后生产的产品一般是零件或部件。

自动化专机根据设备功能的区别又分为半自动专机和全自动专机。

自动线（自动化生产线）的定义：通过自动化输送及其他辅助装置，按特定的生产工艺流程，将各种自动化专机连接成一体，保证物料、信息和能量的流通，在系统规定程序或者逻辑运行下自动地工作，连续稳定地生产出符合技术指标的特定产品的生产线称为自动化生产线，简称自动线。

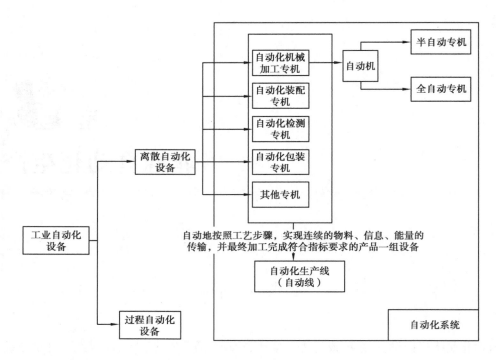

图 3-2-1　工业自动化生产设备

3.3　非标自动化生产线设备

自动化生产线设备通常包括两类:一种是以通用机床为代表的通用型生产设备,包括普通数控机床等,其制造具有一定的国家标准或者行业标准,通用性高,产量需求量大,通常不会或者较少会为客户提供具有针对性的更改;另一种是非标自动化生产设备。

非标自动化设备是指根据用户的实际需求进行设计和制造、用户指定的、非通用的自动化设备,是由若干的行业标准和规格制造的单元设备组装的自动化系统集成设备。非标自动化设备的功能多、形式多、批量小,能满足用户的各种生产要求,因此,其应用的行业十分广泛。

非标自动设备的设计、研发、制造都是为了某项"产品"的大规模生产而进行的,产品彼此之间的不同直接决定了其工艺、模具、夹具、能量、信息要求等不尽相同,即使生产同一种产品的同一个型号,不同时期技术的进步、设备更新和包括用户的场地、环境、习惯等工程因素也不同,这些因素都是导致这种生产线无法做到标准化的原因。

3.4　非标自动化生产线设备的"三流"理论

虽然非标自动设备的形式千差万别,产品各种各样,一时间无法理解其内在规律。但是通过分析,我们还是能将这种"非标"设备背后的共性技术挖掘出来。当前自动化设备通常包括三个部分:机械部分,电气部分和控制部分。我们将这三个部分进行一个理论总结就可以形成三个相对独立又相互依存的三个概念,即物质流、能量流和信息流。

三流理论:

物质流:系统或组织对能源、原料等物质存储、加工转换以及内部与外部之间的物质转移,如图 3-4-1 所示。

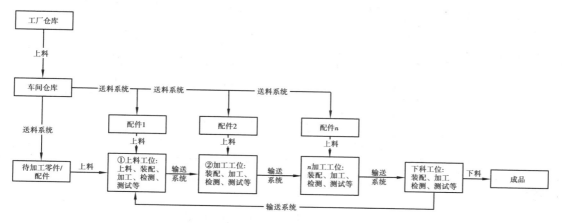

图 3-4-1　自动化生产线的物料流模型

能量流:系统或组织从外部获取能源开始,能源与能源物质在系统内部转化利用以及损失能量排出的全过程,如图 3-4-2 所示。

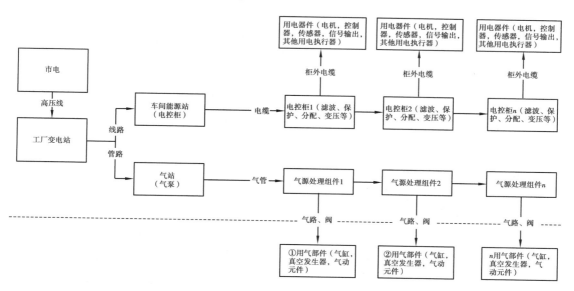

图 3-4-2　非标自动化生产线的能量流模型

信息流:指系统或组织对来自系统内部与外部信息的采集、传递、传递加工等全过程的信息交换,如图 3-4-3 所示。

依据三流理论,我们可以更好地理解非标自动化设备各部件、各系统之间的区别和联系,从而不拘泥于某种设备、某种系统以及功能。

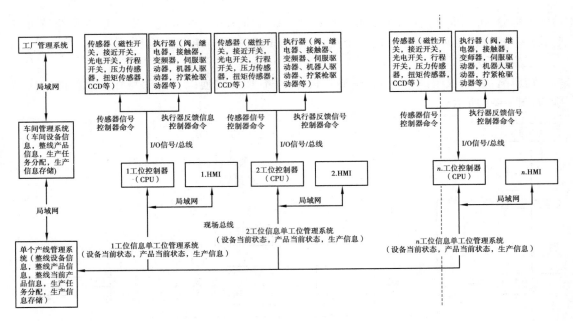

图 3-4-3　自动化生产线的信息流模型

第 **4** 章

THMSRX-3 型 MES 网络型模块式柔性自动化生产线实训系统

项目4.1 TIA Portal 软件的使用

4.1.1 项目目的

①熟悉 TIA Portal 软件的主要操作功能。

②初步掌握 TIA Portal 软件对 PLC 的编程和监控。

③学会编制一个简单的程序并能正确运行。

④提高学生使用现代化工具的能力,为学生将来从事实际工程项目打下基础。

⑤培养学生的工程师职业基本道德素质、团队合作能力和工匠精神。

4.1.2 项目设备

①安装有 WINDOWS 操作系统的 PC 机一台(具有 TIA Portal 软件)。

②PLC(西门子 S7-1200 系列)一台。

③PC 与 PLC 的通信电缆一根(PN)。

④按钮开关板(输入)及指示灯板(输出)各一块。

4.1.3 项目步骤

1)将样例程序下载到 PLC

①将 PC 与 PLC 按正确方式连接。

②将 PLC 的工作状态开关置于"STOP"处。

③启动 TIA Portal 软件,单击工具栏上的"新建"按钮或者在"文件"菜单中选择"新建",新建一个程序。在"PLC"菜单中选择"类型",然后在下拉菜单中选择使用的 PLC,或者单击"读取 PLC",软件将自动选定已连接上的 PLC 类型,再单击"确认"按钮。

④将光标定位于左上角,首先选择功能图上的常开按钮(或按 F4),然后输入该常开触点的编号 I1.0;接着再选择功能图上的常闭按钮,输入该触点的编号 I1.1,最后选择功能图(按

F6）上的线圈按钮,输入该线圈的编号 M0.0;然后将光标移至下一行起始处,输入自锁触点 M0.0,然后将光标垂直上移一行,选择功能图上的竖线按钮,这样就完成了第一行的输入。

⑤按上一步骤完成所有语句的输入,最后选择"PLC"菜单中的"编译",软件将输入完成的程序进行编译。如果有错误,输出窗口中会出现错误提示,根据提示找到原因并解决。程序未通过编译时,不能下载到 PLC 中。

⑥若要删除一行,可将光标移至要删除行的起始处,点击右键,选择"删除"菜单中的"行"命令即可;若要插入一行,可将光标移至要插入处,选择"插入"菜单中的"行"命令;若删除后留有一些竖线,可将光标移至该竖线的右上侧,然后按键盘上的删除按钮"Delete"即可。

⑦将编辑好的程序存盘。选择"文件"菜单中的"保存"或工具栏中的保存按钮,即可弹出保存对话框,在保存对话框中选择所保存的驱动器、文件夹、文件名等。

2）将编辑好的程序下载到 PLC

①点击"查看"菜单中的"设置 PG/PC 接口",在弹出的对话框里选择"PN cable（PPI）",再单击"属性"按钮,然后选择"本地连接"对话框中的通信串口,在"PPI"对话框中不做改动。完成后点击"确定"。

②点击"查看"菜单中的"通信",在弹出的对话框中双击"双击刷新",程序搜索连接上的 PLC 站点。PLC 在出厂时默认设定站点号为 2,搜索到 PLC 后再点击"确定"键。

③当多台 PLC 组成 PPI 网络使用时,必须先单台连接,将每个站点重新设置站点号为互不重复的号码。点击"查看"菜单中的"系统块",在"PLC 地址"中输入要给定的网络站点号,然后点击"确定"退出。

④选择"文件"菜单中的"下载"或点击工具栏中的下载按钮,将编译好的程序下载到 PLC 中。

3）运行程序

选择"PLC"菜单中的"RUN 运行",在弹出的"RUN 运行"对话框上单击"确定"按钮,就可使 PLC 处于运行状态。

4）运行程序结果

上电后,按启动按钮 I1.0,指示灯 Q1.0 亮,等待 3 s,Q1.1 指示灯亮,点击停止按钮 I1.1,指示灯 Q1.0、Q1.1 灭。检查运行结果是否正确。

选择"调试"菜单中的"开始程序状态监控",可在屏幕中看到运行过程中各触点的接通与断开状态,以检查程序中的错误。

通过本项目,你已学会了如何输入一个程序,如何将输入的程序保存在磁盘上,如何将程序输入 PLC,如何运行一个程序,如何检查一个程序在运行过程中的接通与断开情况。如果你已掌握这部分内容,则可进入下一个项目。在以后的项目中,项目步骤均相同,不再重复说明。下面对一个新建项目进行举例。

5）新建项目举例

双击 TIA Portal V15 软件的启动图标后（图 4-1-1）,等待软件的启动。本课程的应用基于 TIA Portal V15 软件,虽然该软件的版本也在更新,但是该版本操作较为具有代表性,TIA Portal 其他版本软件操作与 V15 大部分类似。

TIA Portal V15

图 4-1-1 TIA Portal V15 软件启动符号图

软件完全启动后的页面如图 4-1-2 所示。包括"打开现有项目""创建新项目""移植项目"。"打开已有项目"是指打开目前电脑中已经按照格式保存的项目,"创建新项目"是指重新创建一个项目,"移植项目"是按照该软件对西门子其他软件或者低版本程序进行打开。本例是创建一个新项目。

图 4-1-2　软件启动后的页面

图 4-1-3　新建的项目属性编辑页面图

在项目属性中可以更改项目的名称,并进行项目说明。

点击"创建"按钮后,就会出现新的项目页面。这时就可以进行项目硬件的组态和程序的编写。

程序的编写是以 PLC 硬件组态为基础,因此第一步应该按照实际的 PLC 选型在软件当中对 PLC 进行硬件组态。图 4-1-6 所示的硬件组态界面为控制器、HMI、PC 系统等系统设备的组态,具体每一个单独设备还有专门的组态过程,每一个组态都是要和实际的选型型号要完全一致。

图 4-1-4　新建的项目页面

图 4-1-5　硬件组态选型界面

图 4-1-6　硬件组态界面

图 4-1-7　硬件组态完成界面

双击图 4-1-7 中的 ▨ 图标,就可以进入 PLC 本身模块的组态当中,如图 4-1-8 所示。在该页面下,可以按照硬件选型的实际排序和功能要求进行组态,组态结果和实际的各模块排序必须保持型号和顺序的一致,包括各种拓展模块和功能模块,如信号模块,通信模块,DI,

DO,DI/DO,AI,AQ,AI/AQ 等。然后双击各个模块,就会在页面下方出现该模块的属性,可以在该属性界面中进行相应的编辑。

单击页面左侧项目-程序块按钮,可以看到主程序 Main(OB1),在该页面下可以进行程序模块的增加,比如新建 FB,FC,DB 模块等。同时也可对 PLC 变量、工艺对象等进行编辑。双击 OB1 模块,就可以对模块内部进行编辑,如图 4-1-8 所示。

程序的编写需要定期保存,保存的方式有两种,一种是点击 📁 保存项目 直接保存,另一种是点击"项目"按钮,选择"保存"或者"另存为"(需要重新制定保存路径)。如果用于移动和存档,则可以点击"归档"按钮。

图 4-1-8　项目主界面

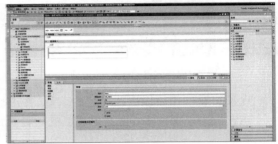
图 4-1-9　保存页面

项目 4.2　常用指令的使用(一)

4.2.1　项目目的

①熟悉 PLC 的常用指令。
②熟悉 PLC 中特殊的辅助继电器等。
③初步掌握利用现有的指令编制一些简单的程序,以加深理解这些指令的功能。
④进一步熟悉西门子 PLC 中程序的编制、调试及运行,并能熟练使用 TIA Portal 软件。
⑤提高学生使用现代化工具的能力,为学生将来从事实际工程项目打下基础。
⑥培养学生的工程师职业基本道德、团队合作能力和工匠精神。

4.2.2　项目设备

①安装有 WINDOWS 操作系统的 PC 机一台(具有 TIA Portal 软件)。
②PLC(西门子 S7-1200 系列)一台。
③PC 与 PLC 的通信电缆一根(PN)。
④按钮开关板(输入)及指示灯板(输出)各一块。

4.2.3　项目步骤

①编制一个程序,完成如图 4-2-1 所示的流程。
将编制好的程序下载到 PLC,并将程序存盘。
②编制一个程序,完成如下功能:
按 I1.0,灯 Q1.0 亮,再按 Q1.0,则 I1.0 灭,如此循环往复。

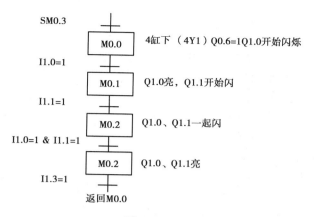

图 4-2-1　流程图

根据上述流程编制程序,送入 PLC 运行通过,并将程序存盘。

上述程序改用 S、R 指令完成。

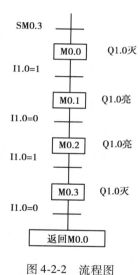

图 4-2-2　流程图

项目 4.3　常用指令的使用(二)

4.3.1　项目目的

①熟悉 PLC 的定时器与计数器指令。

②熟悉 S7-1200 系列 PLC 程序编程方法。

③初步掌握利用现有的指令编制一些简单的程序,以加深理解这些指令的功能。

④进一步熟悉西门子 PLC 中程序的编制、调试及运行,并能熟练使用 TIA Portal 软件。

⑤提高学生使用现代化工具的能力,为学生将来从事实际工程项目打下基础。

⑥培养学生的工程师职业基本道德、团队合作能力和工匠精神。

4.3.2　项目设备

①安装有 WINDOWS 操作系统的 PC 机一台（具有 TIA Portal 软件）。
②PLC（西门子 S7-1200 系列）一台。
③PC 与 PLC 的通信电缆一根（PN）。
④按钮开关板（输入）及指示灯板（输出）各一块。

4.3.3　项目步骤

①编制一个程序，完成如图 4-3-1 所示流程。

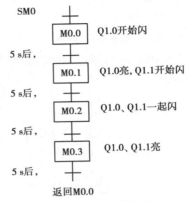

图 4-3-1　流程图

将编制好的程序编译无错误后，下载至 PLC，然后运行程序，并将程序存盘。

②用定时器指令编制一个程序，完成如下功能：

上电后指示灯 Q1.0 开始闪，按 I1.0 后，灯 Q1.0 亮 3 s，灭 3 s，如此循环往复。

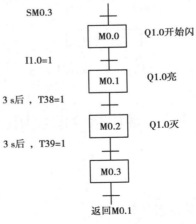

图 4-3-2　流程图

根据上述流程编制程序，将编写好的程序下载到 PLC 运行，并将程序存盘。

③上述程序改用计数器指令完成。

项目 4.4　基本控制指令项目

4.4.1　项目目的

①通过本项目,加深对应用程序设计方法的认识。
②利用已学的一些基本指令,能完成一些实际控制的要求。
③提高学生使用现代化工具的能力,为学生将来从事实际工程项目打下基础。
④培养学生的工程师职业基本道德、团队合作能力和工匠精神。

4.4.2　项目设备

①安装有 WINDOWS 操作系统的 PC 机一台(具有 TIA Portal 软件)
②PLC(西门子 S7-1200 系列)一台。
③PC 与 PLC 的通信电缆一根(PN)。
④柔性自动化生产线项目实训系统中的任意一站。

4.4.3　项目内容

①用两个指示灯 Q1.0、Q1.1 来模拟两个电动机的连锁控制,控制要求如下:
a. M1 起动后,M2 才能起动;
b. M2 可自行停止,M1 停止时,M2 必须停止。
根据上述要求写出程序的流程图,编写相应程序,并将编写好的程序下载到 PLC 运行。
②设计一个能实现两地控制的程序。例如,两只开关分别装于不同的两个地方,如楼上、楼下,试编一个能实现如图 4-4-1 所示电路功能的 PLC 程序。

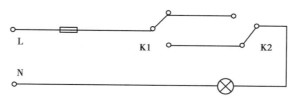

图 4-4-1　流程图

根据上述电路图的功能,设计一个流程图,并编写出相应的程序,并将编写好的程序下载到 PLC 运行。
③在上述基础上再设计一个三地控制的程序,将编写好的程序下载到 PLC 运行。

项目 4.5　传送、比较、可逆计数器指令项目

4.5.1　项目目的

熟悉 MOV、比较、可逆计数器指令。

4.5.2 项目设备

①装有 WINDOWS 操作系统的 PC 机一台(具有 TIA Portal 软件)。

②PLC(西门子 S7-1200 系列)一台。

③PC 与 PLC 的通信电缆一根(PN)。

④柔性自动化生产线项目实训系统中的任意一站。

⑤提高学生使用现代化工具的能力,为学生将来从事实际工程项目打下基础。

⑥培养学生的工程师职业基本道德、团队合作能力和工匠精神。

4.5.3 项目内容

①输入以下程序:

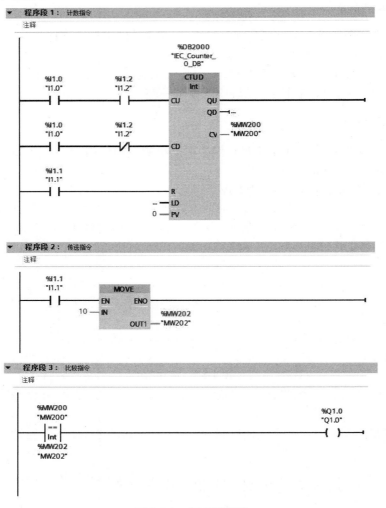

图 4-5-1　程序梯形图

②将该程序送入 PLC 运行,观察运行过程与结果,可以得出如下结论:

当 I1.2 = 1 时,计数器为_____、I1.2 = 0 时,计数器为_____。当_____时,Q1.0 指示灯亮。当 I1.1 = 1 时,计数器完成_____。

③编写一个程序,改变 I1.2 的状态,使计数器作减一计数,当计数器中的值减至 0 时,Q1.1 灯亮。

注:要判断 MW202 中的数据与计数器 MW200 中的数据是否相等,需使用比较指令,通过此项目,可了解比较指令的使用。

项目 4.6　上料检测站(第一站)

4.6.1　项目目的

①利用所学的指令完成上料检测站程序的编制。

②本项目是第一站,通过熟悉第一站,可获得其他各站的相关内容,为所有站的拼合与调试作好准备。

③提高学生使用现代化工具和解决复杂工程问题的能力,为学生将来从事实际工程项目打下基础。

④培养学生的工程师职业基本道德、团队合作能力和工匠精神。

4.6.2　项目设备

①安装有 WINDOWS 操作系统的 PC 机一台(具有 TIA Portal 软件)。

②PLC(西门子 S7-1200 系列)一台。

③PC 与 PLC 的通信电缆一根(PN)。

④柔性自动化生产线项目实训系统上料检测站。

4.6.3　项目步骤

①新建一个程序,上料检测站的工作流程如图 4-6-1 所示,根据所给流程编制程序。

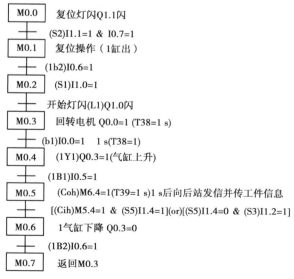

图 4-6-1　流程图

27

②将编制好的程序编译无错误后,下载至 PLC,然后运行程序,并将程序存盘。

项目 4.7　搬运站(第二站)(1)

4.7.1　项目目的

①利用所学的指令完成搬运站程序的编制。

②本项目是第二站,熟悉第二站就可获得其他各站的相关内容,为所有站的拼合与调试作准备。

③提高学生使用现代化工具和解决复杂工程问题的能力,为学生将来从事实际工程项目打下基础。

④培养学生的工程师职业基本道德、团队合作能力和工匠精神。

4.7.2　项目设备

①安装有 WINDOWS 操作系统的 PC 机一台(具有 TIA Portal 软件)。

②PLC(西门子 S7-1200 系列)一台。

③PC 与 PLC 的通信电缆一根(PN)。

④柔性自动化生产线项目实训系统搬运站。

4.7.3　项目步骤

①新建一个程序,上料检测站的工作流程如图 4-7-1 所示,根据所给流程编制程序。

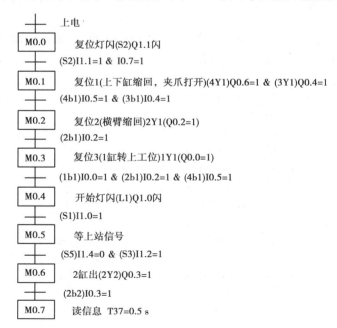

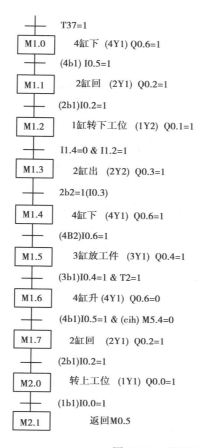

图 4-7-1　流程图

②将编制好的程序编译无错误后,下载至 PLC,然后运行程序,并将程序存盘。

项目 4.8　第一站与第二站的联网(1)

4.8.1　项目目的

①在已熟悉第一站、第二站的基础上,实现两站的拼合。

②弄清要在两站之间建立起一种联动效应时所需要的一些通信信息。

③通过两站的拼合,培养学生的动手能力,尤其是机械上的一些装配、调节以及程序的调试能力。

④提高学生使用现代化工具的能力,为学生将来从事实际工程项目打下基础。

⑤培养学生的工程师职业基本道德素质、团队合作能力和工匠精神。

4.8.2　项目设备

①装有 WINDOWS 操作系统的 PC 机一台(具有 TIA Portal 软件)。

②PC 与 PLC 的通信电缆一根。

③柔性自动化生产线项目实训系统中的第一站与第二站。

4.8.3 项目内容

根据第一站控制要求,增加当 I0.0=1(检测有料),此时,Q0.3=1(气缸上升),并给第二站发送一个有料信息(通过 M6.4 送出);根据 I0.1 的信号,给出颜色信息(I0.1=1:白色,I0.1=0:黑色),并传送给后一站(通过本站中的 M6.0 送出),等第二站将本站中的工件拿走后,第二站向第一站发送一信息(M5.4=1),此时 Q0.3=0(气缸下降),等待下一次工件的到来。

对于第二站,当一切准备就绪后,就等第一站送来的信息(是否有料,等第一站的输出信号 M6.4,即为本站的输入信号 M5.3,同时前站的颜色信息 M6.0 送入本站的 M5.0,并将颜色信息保存在 M3.0 中)。将第一站中的工件拿起来,根据不同的颜色放入相应的工位,当从第一站中拿回工件后,需给前站发送一个信息(即第二站的输出信号 M6.3 作为第一站的输入信号 M5.4),通知第一站可送工件过来。根据上述控制要求画出流程图,编写程序,并运行通过。

第一站框图如图 4-8-1 所示。

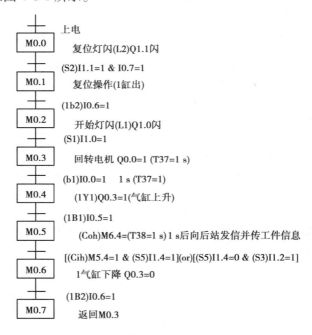

图 4-8-1　第一站流程图

第二站框图如图 4-8-2 所示。

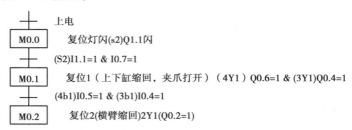

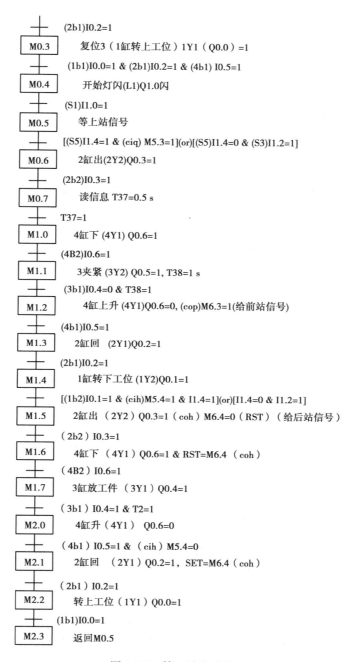

图 4-8-2　第二站流程图

4.8.4　第一站与第二站的通信信号

第一站的输出 M6.4————第二站的输入 M5.3

第一站的颜色信息 M6.0————第二站的输入 M5.0

第二站的输出信息 M6.3————第一站的输入 M5.4（表示工件拿走）

项目4.9　第一站与第二站的联网(2)

4.9.1　项目目的

①在已熟悉第一站、第二站的基础上,实现两站的拼合。

②熟悉 PROFINET–PN 网络建立的方法。

③熟悉 S7-300PLC 作为主机时需编制的通信程序。

④提高学生使用现代化工具的能力,为学生将来从事实际工程项目打下基础。

⑤培养学生的工程师职业基本道德素质、团队合作能力和工匠精神。

4.9.2　项目设备

①装有 WINDOWS 操作系统的 PC 机一台(具有 TIA Portal 、TIA Portal 软件)。

②PLC(西门子 S7-300 系列)一台。

③PC 与 PLC 的通信电缆一根(PN)。

④RJ45 电缆一根。

⑤柔性自动化生产线项目实训系统中的第一站与第二站。

⑥两站之间的 PN 通信连线一根。

4.9.3　项目内容

根据两站的控制要求,组建 PROFINETPN 网络,通过 S7-300 主机采集并处理各站的相应信号,完成两站间的联动控制。

4.9.4　项目步骤

1)PN 网络的链接示意图(图 4-9-1)

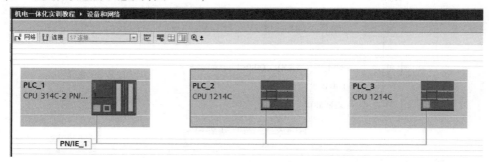

图 4-9-1　PN 网络示意图

运行 TIA Portal 软件,创建一个项目,下面举例说明如何直接创建一个项目。

在文件菜单下单击"新建",或者单击工具栏按钮 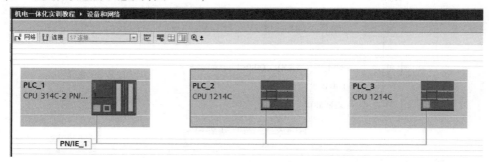,可以直接创建一个新项目。在弹出的对话框中输入项目名称,以及项目存储的路径,单击"创建"完成。

直接创建的项目中只包含一个 PN 子网对象,用户需要通过插入菜单向项目中手动添加其他对象,如图 4-9-2 所示。

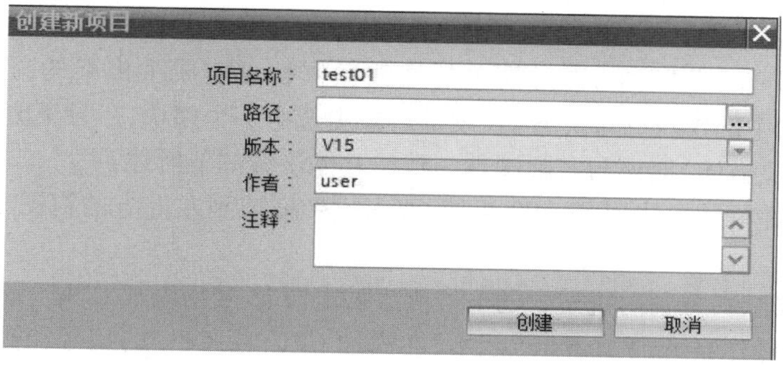

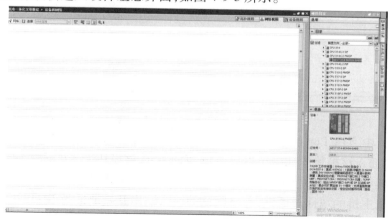

图 4-9-2　手动添加对象

先插入一个 S7-300 站点,进行硬件组态。当完成硬件组态后,再在相应 CPU 的 S7 Program 目录下编辑用户程序。

2)硬件组态程序

根据 PLC 硬件的订货号或者型号,在硬件目录下选择相应的 PLC 型号(要严格对应),找到该型号后,双击硬件图标或者用鼠标拖动该图标至右侧的网格内,就选择好了 PLC 的 CPU 部分。双击该图标就会进入硬件组态界面,如图 4-9-3 所示。

图 4-9-3　硬件组态界面

如图 4-9-3 所示,视图为 PLC 站窗口,显示了当前 PLC 站中的机架;TIA Portal 用一个实物的仿真图形象地表示机架,表中的一列(带有数字)表示机架中的一个插槽。

正下方的视图则显示了机架中所插入的模块以及模块的订货号、版本、地址分配等详细信息,右面的视图是硬件目录,在这里可以选择相应的硬件模块插入机架;硬件目录的下方是当前选中的条目信息,如模块的功能、接口特性、对特殊功能的支持等。

3)配置主机架

(1)主机架配置原则

在 TIA Portal 中组态 S7-300 主机架(0 号机架),必须遵循以下规范:

①1 号槽只能放置电源模块,在 TIA Portal 中 S7-300 电源模块也可以不组态。

②2 号槽只能放置 CPU 模块,不能为空。

③3 号槽只能放置接口模块,如果一个 S7-300 PLC 站只有主机架,而没有扩展机架,则主

机架不需要接口模块,硬件配置与实际的模块组合是必须一致的。

（2）主机架配置方法

在 TIA Portal 的 STEP7 中,通过简单的拖放操作就可完成主机架的配置。在配置过程中,添加到主机架中的模块的订货号(在硬件目录中选中一个模块,目录下方的窗口会显示该模块的订货号以及描述)应该与实际硬件一致。具体步骤如下所述:

①首先在硬件目录中找到 S7-300 机架,双击或者拖拽到左上方的视图中,即可添加一个主机架。

②插入主机架后,分别向机架中的 1 号槽添加电源、2 号槽添加 CPU。硬件目录中的某些 CPU 型号有多种操作系统(Firmware)版本,在添加 CPU 时,CPU 的型号和操作系统版本都要与实际硬件一致,如图 4-9-4 所示。

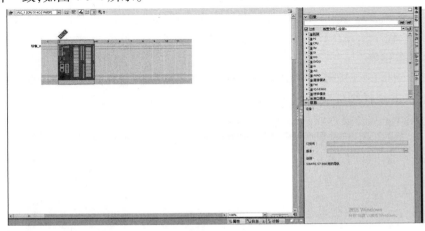

图 4-9-4　添加电源和 CPU 界面

在配置过程中,TIA Portal 可以自动检查配置的正确性,当硬件目录中的一个模块被选中时,机架中允许插入该模块的插槽会变成蓝色,而不允许该模块插入的插槽颜色无变化。

先点击机架中的 S7-300 主机,再到如图 4-9-5 所示的详细窗口中双击阴影部分。

双击后弹出主机的属性对话框,程序默认的输入输出开始地址为 IP:192.168.0.1。

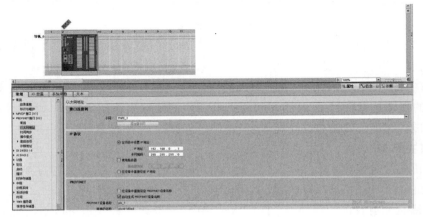

图 4-9-5　新建键设置界面

图 4-9-6　新建键设置局部界面

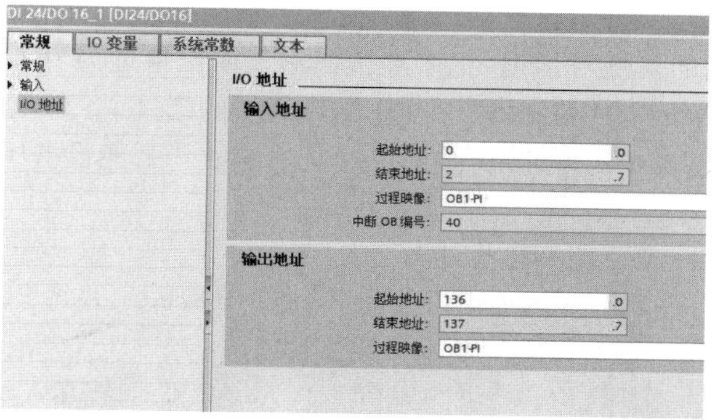

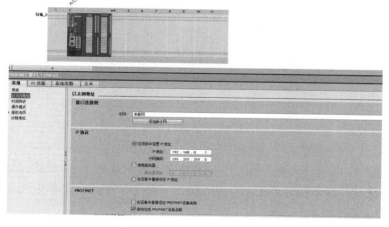

图 4-9-7　S7-300 主机属性界面

选中以太网地址,如图 4-9-8 所示,双击进行添加。

图 4-9-8　PROFINET 硬件目录

双击后弹出如图 4-9-9 所示的对话框,将第一站的模块定为 2 号。

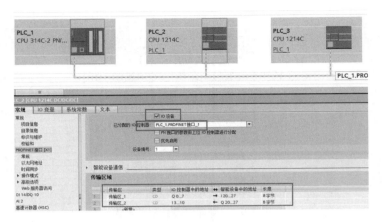

图 4-9-9　连接界面

双击后弹出主机的属性对话框,程序默认的输入输出地址为 IP:192.168.0.2,并勾选 I/O 设备,并在"已分配的 I/O 控制器"中点选与 PLC_1 的连接,将 PLC_2 的设备编号设置为 1。在传输区"I/O 控制器中的地址"为主模块对应的地址,"智能设备中的地址"为本模块对应的传输地址。

点击"确定"按钮完成设置并退出。

进行同样的操作,将 PLC_3 的地址设置为 IP:192.168.0.3,并将 PLC_1 连接至 PLC_3。

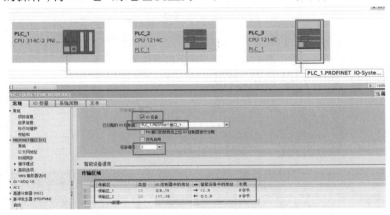

图 4-9-10　连接界面

同理对 PLC_3 进行设置。

PLC_2 站输入输出地址从 30 开始,PLC_2 站输入输出地址从 40 开始,以此类推。

通过以上的操作,网络的硬件组态已基本完成,最后从"站点"菜单中选择"保存并编译"或者点击工具栏上 保存项目 的按钮。

通过以上操作,确定了每一站的 I/O 所对应的输入输出点数,以 1 号设备为例说明,程序分配了 8.0~15.7 作为输入输出的点数。其中,200 主机向 300 主机传送的数据作为输入型数据,300 主机向 200 主机传送的数据作为输出型数据。

在 200 程序中,Q8.0~V15.7 是作为 300 主机向 200 主机传送数据的输入点使用的,Q2.0~V9.7 是作为 200 主机向 300 主机传送数据的输出点使用的。在 200 中作为输出给 300 的数据,可以是 Q＊.＊,也可以是 I＊.＊,而作为 300 输出给 200 的数据,也可以是 Q＊.＊,或者是 I＊.＊,比如说 200 站的 I0.0,可以通过 I8.0～I15.7 间任一点传送到 300 主站上去,也可以让 300 主站通过 I8.0～I15.7 间任一点传送到 200 站来。

根据二站间的数据传送方式,分别编写每一站 200 的程序和 300 的数据交换程序。

第一站的输出 M6.4——————第二站的输入 M5.3

第一站的颜色信息 M6.0——————第二站的输入 M5.0

第二站的输出信息 M6.3——————第一站的输入 M5.4(表示工件拿走)

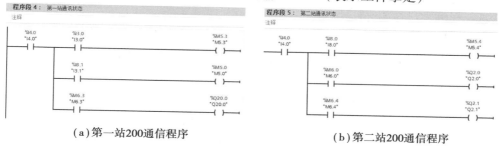

(a)第一站200通信程序　　　　　　　(b)第二站200通信程序

图 4-9-11　两站的交换程序

在以上第一站的程序中 M5.4 由 I8.0 输入,M6.0 和 M6.4 由 Q2.0 和 Q2.1 输出。

第二站程序中的 M5.0 和 M5.3 由 I3.0 和 I3.1 输入,M6.3 由 Q20.0 输出。

在 300 程序中,各站点的数据对应到 300 站点时,分别为:

第一站 I8.0-Q23.4, Q2.0-I26.0, Q2.1-I26.4。

第二站 I3.1-Q33.0, I3.2-Q33.3, I3.3-I36.3。

为了达到两站间的数据交换处理,要在 300 主机中有相应的程序。

首先打开程序编辑器,如图 4-9-12 所示,双击 OB1 即可。

图 4-9-12　程序编辑器

在程序编辑器中输入如图 4-9-13 所示的程序,第一程序段表示将 I26.0 数据传送到 Q33.0 中,相当于将第一站 Q2.0 传送到第二站 I3.1 中,即第一站的颜色信息 M6.0 送至第二站的输入 M5.0。

完成程序的编写后回到主程序画面,在选项菜单栏中选取设置 PG/PC 接口,弹出如图 4-9-14 所示的对话框。

当使用 TCP/IP 电缆时,选中 PC Adapter(TCP/IP),如图 4-9-15 所示。

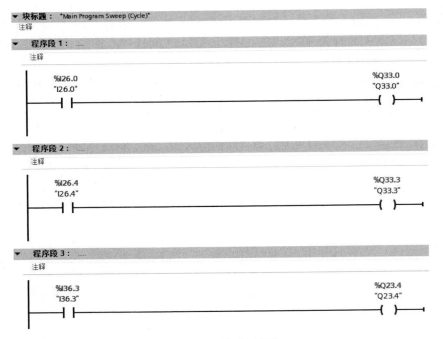

图 4-9-13　梯形图程序

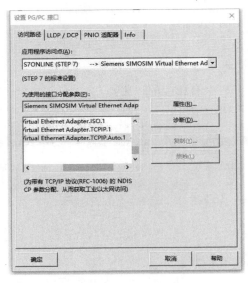

图 4-9-14　PG/PC 接口设置界面

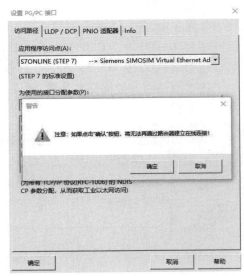

图 4-9-15　TCP/IP 保存界面

　　点击"确定"按钮完成设置,回到设置接口对话框后再点击"确定"按钮,弹出对话框,点击确定。

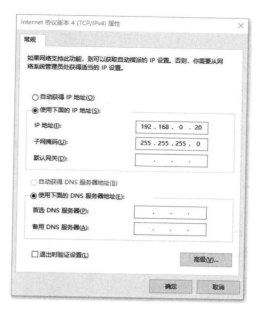

图 4-9-16　编程电脑 IP 设置

完成设置后,将完成的硬件组态和程序下载到 300PLC 中,打开 PLC 菜单的下载,或者点击工具栏上的 ⬇ 图标,将整个工程下载到 PLC 中。

将 200 和 300 的程序分别下载完成后,把各主机的运行开关打到 RUN 位置,运行几秒后,300 主机上的 RUN 绿色指示灯亮,表示正常,如有任何一只红色报警指示灯点亮,则重新检查硬件组态和程序是否有错。

项目 4.10　搬运站(第二站)(2)

4.10.1　项目目的

①进一步熟悉第二站各部件的工作情况,为第一站与第二站的联网项目作准备。

②培养学生根据不同的控制要求正确编制相应程序的能力。逐步培养学生的提出问题、分析问题、解决问题的能力。

③提高学生使用现代化工具的能力,为学生将来从事实际工程项目打下基础。

④培养学生的工程师职业基本道德、团队合作能力和工匠精神。

4.10.2　项目设备

①安装有 WINDOWS 操作系统的 PC 机一台(具有 TIA Portal 软件)。

②PLC(西门子 S7-1200 系列)一台。

③PC 与 PLC 的通信电缆一根(PN)。

④柔性自动化生产线项目实训系统第二站。

4.10.3 项目内容

根据前一次的项目内容,作如下修改:等上电后,待所有气缸复位,按起动按钮(I1.0),若上一站有料(没有联网时,可用开关 I1.2 代替),2 号气缸伸出,等气缸伸出到位后,读取工件的颜色信息,没有联网时可用开关 I1.5 代替(可设 I1.5＝1 时为白色,I1.5＝0 时为黑色),将工件放在不同的位置,具体的位置可自行确定。比如,若为白色工件时,可将工件转入下一工位后直接放下;若为黑色工件,可将工件转入下一工位后,伸出长臂后将工件放下。待将工件放下后,气缸复位,等待下一次工件的到来。

4.10.4 项目步骤

新建一个程序,根据上述控制要求,先搞清各控制部件的输入、输出点,再写出满足上述控制要求的流程图,然后编制出相应的程序送入 PLC,并将程序运行通过。

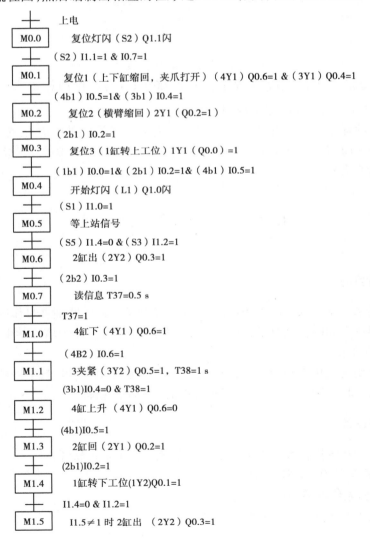

上电

M0.0 复位灯闪(S2)Q1.1闪

(S2)I1.1＝1 & I0.7＝1

M0.1 复位1(上下缸缩回,夹爪打开)(4Y1)Q0.6＝1 &(3Y1)Q0.4＝1

(4b1)I0.5＝1 &(3b1)I0.4＝1

M0.2 复位2(横臂缩回)2Y1(Q0.2＝1)

(2b1)I0.2＝1

M0.3 复位3(1缸转上工位)1Y1(Q0.0)＝1

(1b1)I0.0＝1 &(2b1)I0.2＝1 &(4b1)I0.5＝1

M0.4 开始灯闪(L1)Q1.0闪

(S1)I1.0＝1

M0.5 等上站信号

(S5)I1.4＝0 &(S3)I1.2＝1

M0.6 2缸出(2Y2)Q0.3＝1

(2b2)I0.3＝1

M0.7 读信息 T37＝0.5 s

T37＝1

M1.0 4缸下(4Y1)Q0.6＝1

(4B2)I0.6＝1

M1.1 3夹紧(3Y2)Q0.5＝1,T38＝1 s

(3b1)I0.4＝0 & T38＝1

M1.2 4缸上升(4Y1)Q0.6＝0

(4b1)I0.5＝1

M1.3 2缸回(2Y1)Q0.2＝1

(2b1)I0.2＝1

M1.4 1缸转下工位(1Y2)Q0.1＝1

I1.4＝0 & I1.2＝1

M1.5 I1.5≠1 时 2缸出 (2Y2)Q0.3＝1

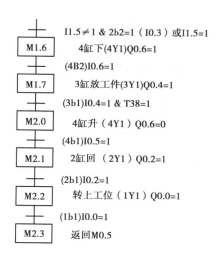

图 4-10-1　流程图

项目 4.11　第一站与第二站的联网(3)

4.11.1　项目目的

①在已熟悉第一站、第二站的基础上,实现两站的拼合。
②弄清要在两站之间建立起一种联动效应时所需要的一些通信信息。
③通过两站的拼合,培养学生的动手能力,尤其是机械上的一些装配、调节以及程序的调试能力。
④提高学生使用现代化工具的能力,为学生将来从事实际工程项目打下基础。
⑤培养学生的工程师职业基本道德素质、团队合作能力和工匠精神。

4.11.2　项目设备

①装有 WINDOWS 操作系统的 PC 机一台(具有 TIA Portal 软件)。
②PC 与 PLC 的通信电缆一根。
③柔性自动化生产线项目实训系统中的第一站与第二站。

4.11.3　项目内容

根据第一站控制要求,增加当 I0.0=1(检测有料),此时,Q0.3=1(气缸上升),并给第二站发送一个有料信息(通过 M6.4 送出);根据 I0.1 的信号,给出颜色信息(I0.1=1:白色,I0.1=0:黑色),并传送给后一站(通过本站中的 M6.0 送出);等第二站将本站中的工件拿走后,第二站向第一站发送一信息(M5.4=1),此时 Q0.3=0(气缸下降),等待下一次工件的到来。

对于第二站,当一切准备就绪后,就等第一站送来的信息(是否有料,等第一站的输出信号 M6.4,即为本站的输入信号 M5.3,同时前站的颜色信息 M6.0 送入本站的 M5.0,并将颜色

41

信息保存在 M3.0 中)。将第一站中的工件拿起来,根据不同的颜色放入相应的工位,当从第一站中拿回工件后,需给前站发送一个信息(即第二站的输出信号 M6.3 作为第一站的输入信号 M5.4),通知第一站可送工件过来。根据上述控制要求画出如下流程图,编写程序,并运行通过。

第一站流程图如图 4-11-1 所示。

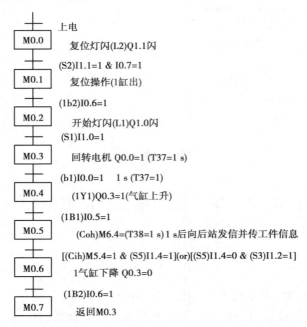

图 4-11-1　第一站流程图

第二站流程图如图 4-11-2 所示。

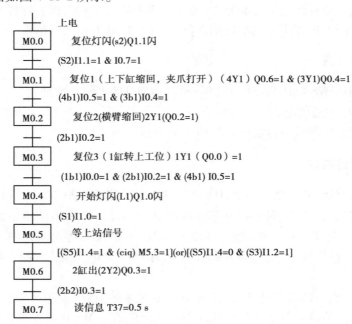

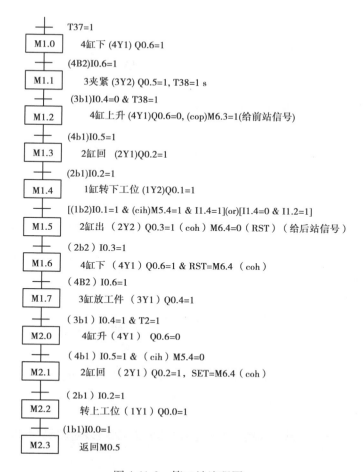

图 4-11-2　第二站流程图

4.11.4　第一站与第二站的通信信号

第一站的输出 M6.4————第二站的输入 M5.3

第一站的颜色信息 M6.0————第二站的输入 M5.0

第二站的输出信息 M6.3————第一站的输入 M5.4(表示工件拿走)

项目 4.12　第一站与第二站的联网(4)

4.12.1　项目目的

①在已熟悉第一站、第二站的基础上,实现两站的拼合。

②熟悉 PROFINET-PN 网络建立的方法。

③熟悉 S7-300PLC 作为主机时需编制的通信程序。

④提高学生使用现代化工具的能力,为学生将来从事实际工程项目打下基础。

⑤培养学生的工程师职业基本道德素质、团队合作能力和工匠精神。

4.12.2　项目设备

①装有 WINDOWS 操作系统的 PC 机一台(具有 TIA Portal 、TIA Portal 软件)。

②PLC(西门子 S7-300 系列)一台。

③PC 与 PLC 的通信电缆一根(PN)。

④RJ45 电缆一根。

⑤柔性自动化生产线项目实训系统中的第一站与第二站。

⑥两站之间的 PN 通信连线一根。

4.12.3　项目内容

根据两站的控制要求,组建 PROFINET-PN 网络,通过 S7-300 主机采集并处理各站的相应信号,完成两站间的联动控制。

4.12.4　项目步骤

1)PN 网络的链接示意图(图 4-12-1)

运行 TIA Portal 软件,创建一个项目,下面举例说明如何直接创建一个项目。

在文件菜单下单击"新建",或者单击工具栏按钮![img]，可以直接创建一个新项目。在弹出的对话框中输入项目名称,以及项目存储的路径,单击"创建"完成。

直接创建的项目中只包含一个 PN 子网对象,用户需要通过插入菜单向项目中手动添加其他对象,如图 4-12-2 所示。

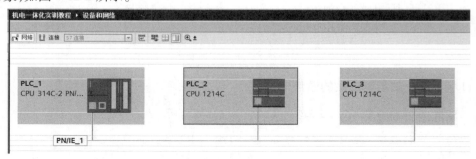

图 4-12-1　PN 网络示意图

图 4-12-2　手动添加对象

先插入一个 S7-300 站点,进行硬件组态,当完成硬件组态后,再在相应 CPU 的 S7 Program 目录下编辑用户程序。

2）硬件组态程序

根据 PLC 硬件的订货号或者型号,在硬件目录下选择相对应的 PLC 型号(要严格对应),找到该型号后,双击硬件图标或者用鼠标拖动该图标至右侧的网格内,就选择好了 PLC 的 CPU 部分。双击该图标就会进入硬件组态界面,如图 4-12-3 所示。

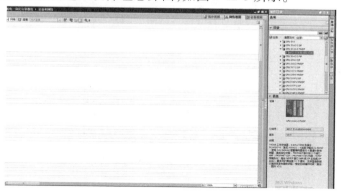

图 4-12-3　硬件组态界面

如图 4-12-4 所示,视图为 PLC 站窗口,显示了当前 PLC 站中的机架;TIA Portal 用一个实物的仿真图形象地表示机架,表中的一列(带有数字)表示机架中的一个插槽。

正下方的视图则显示了机架中所插入的模块以及模块的订货号、版本、地址分配等详细信息,右面的视图是硬件目录,在这里可以选择相应的硬件模块插入机架;硬件目录的下方是当前选中的条目信息,如模块的功能、接口特性、对特殊功能的支持等。

3）配置主机架

（1）主机架配置原则

在 TIA Portal 中组态 S7-300 主机架(0 号机架),必须遵循以下规范:

①1 号槽只能放置电源模块,在 TIA Portal 中 S7-300 电源模块也可以不必组态。

②2 号槽只能放置 CPU 模块,不能为空。

③3 号槽只能放置接口模块,如果一个 S7-300 PLC 站只有主机架,而没有扩展机架,则主机架不需要接口模块,硬件配置与实际的模块组合是必须一致的。

（2）主机架配置方法

在 TIA Portal 的 STEP7 中,通过简单的拖放操作就可完成主机架的配置。在配置过程中,添加到主机架中的模块的订货号(在硬件目录中选中一个模块,目录下方的窗口会显示该模块的订货号以及描述)应该与实际硬件一致。具体步骤如下所述:

①首先在硬件目录中找到 S7-300 机架,双击或者拖拽到左上方的视图中,即可添加一个主机架。

②插入主机架后,分别向机架中的 1 号槽添加电源、2 号槽添加 CPU。硬件目录中的某些 CPU 型号有多种操作系统(Firmware)版本,在添加 CPU 时,CPU 的型号和操作系统版本都要与实际硬件一致,如图 4-12-4 所示。

在配置过程中,TIA Portal 可以自动检查配置的正确性。当硬件目录中的一个模块被选中时,机架中允许插入该模块的插槽会变成蓝色,而不允许该模块插入的插槽颜色无变化。

先点击机架中的 300 主机,再到如图 4-12-5 所示的详细窗口中双击蓝色部分。

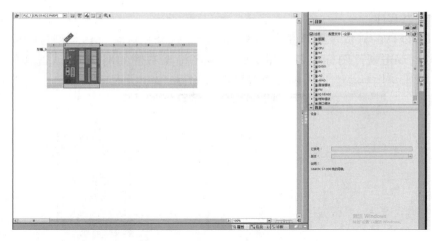

图 4-12-4　添加电源和 CPU 界面

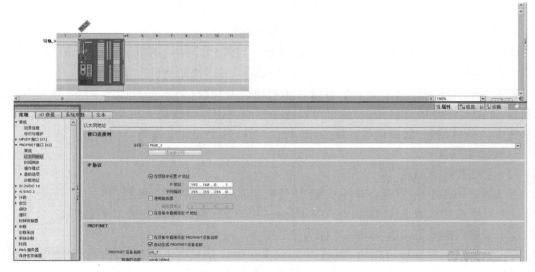

图 4-12-5　新建键设置界面

图 4-12-6　新建键设置局部界面

双击后弹出主机的属性对话框,程序默认的输入输出开始地址为 IP:192.168.0.1。选中以太网地址,如图 4-12-8 所示,双击进行添加。

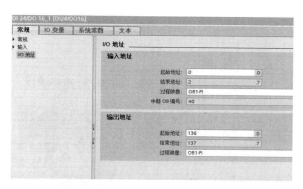

图 4-12-7　S7-300 主机属性界面

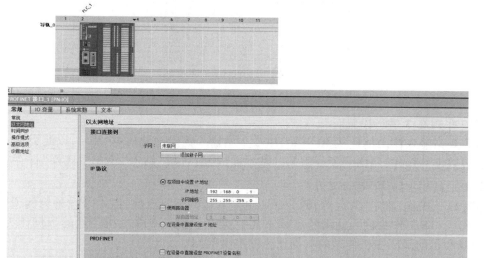

图 4-12-8　PROFINET 硬件目录

双击后弹出如图 4-12-9 所示的对话框,将第一站的模块定为 2 号。

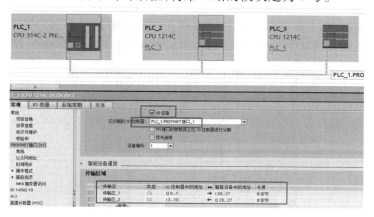

图 4-12-9　连接界面

双击后弹出主机的属性对话框,程序默认的输入输出地址为 IP:192.168.0.2,并勾选 I/O 设备,并在"已分配的 I/O 控制器"中点选与 PLC_1 的连接,将 PLC_2 的设备编号设置为

47

1。在传输区"I/O 控制器中的地址"为主模块对应的地址,"智能设备中的地址"为本模块对应的传输地址。

点击"确定"按钮完成设置并退出。

同样的操作,将 PLC_3 的地址设置为 IP:192.168.0.3,并将 PLC_1 连接至 PLC_3。

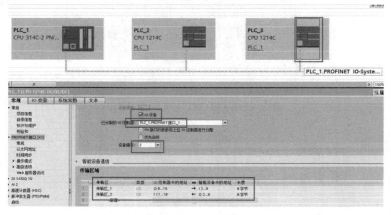

图 4-12-10　连接界面

同理对 PLC_3 进行设置。

PLC_2 站输入输出地址从 30 开始,PLC_2 站输入输出地址从 40 开始,以此类推。

通过以上的操作,网络的硬件组态已基本完成,最后从"站点"菜单中选择"保存并编译"或者点击工具栏上 📄保存项目的按钮。

通过以上操作,确定了每一站的 I/O 所对应的输入输出点数,以 1 号设备为例说明,程序分配了 8.0～15.7 作为输入输出的点数。其中,200 主机向 300 主机传送的数据作为输入型数据,300 主机向 200 主机传送的数据作为输出型数据。

在 200 的程序中,Q8.0～V15.7 是作为 300 主机向 200 主机传送数据的输入点使用的。Q2.0～V9.7 是作为 200 主机向 300 主机传送数据的输出点使用的。在 200 中,作为输出给 300 的数据,可以是 Q*.*,也可以是 I*.*,而作为 300 输出给 200 的数据,也可以是 Q*.*,或者是 I*.*,比如说 200 站的 I0.0,可以通过 I8.0～I15.7 间任一点传送到 300 主站上去,也可以让 300 主站通过 I8.0～I15.7 间任一点传送到 200 站来。

根据两站间的数据传送方式,分别编写每一站 200 的程序和 300 的数据交换程序。

第一站的输出 M6.4————第二站的输入 M5.3

第一站的颜色信息 M6.0————第二站的输入 M5.0

第二站的输出信息 M6.3————第一站的输入 M5.4(表示工件拿走)

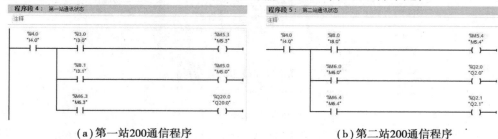

(a)第一站200通信程序　　　　　　　　　(b)第二站200通信程序

图 4-12-11　两站的交换程序

在以上第一站的程序中,M5.4 由 I8.0 输入,M6.0 和 M6.4 由 Q2.0 和 Q2.1 输出。
第二站程序中的 M5.0 和 M5.3 由 I3.0 和 I3.1 输入,M6.3 由 Q20.0 输出。
在 300 程序中,各站点的数据对应到 300 站点时,分别为:
第一站 I8.0-Q23.4, Q2.0-I26.0, Q2.1-I26.4。
第二站 I3.1-Q33.0, I3.2-Q33.3, I3.3-I36.3。
为了达到两站间的数据交换处理,要在 300 主机中有相应的程序。
首先打开程序编辑器,如图 4-12-12 所示,双击 OB1 即可。

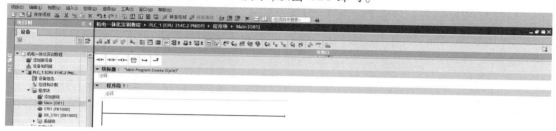

图 4-12-12　程序编辑器

在程序编辑器中输入如图 4-12-13 所示的程序,第一程序段表示将 I26.0 数据传送到
Q33.0 中,相当于将第一站 Q2.0 传送到第二站 I3.1 中,即第一站的颜色信息 M6.0 送至第二
站的输入 M5.0。

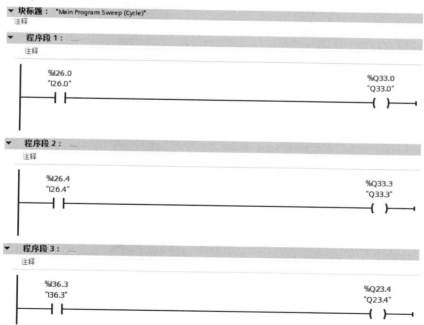

图 4-12-13　梯形图程序

完成程序的编写后回到主程序画面,在选项菜单栏中选取设置 PG/PC 接口,弹出如图
4-12-14 所示的对话框。
当使用 TCP/IP 电缆时,选中 PC Adapter(TCP/IP)。

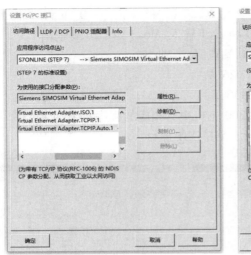

图 4-12-14　PG/PC 接口设置界面　　　　图 4-12-15　TCP/IP 保存界面

点击"确定"按钮完成设置,回到设置接口对话框后再点击"确定"按钮,弹出对话框,点击确定。

图 4-12-16　编程电脑 IP 设置

在完成设置后,将完成的硬件组态和程序下载到 300PLC 中,打开 PLC 菜单的下载,或者点击工具栏上的 ⬇ 图标,将整个工程下载到 PLC 中。

将 200 和 300 的程序分别下载完成后,把各主机的运行开关打到 RUN 位置,运行几秒后,300 主机上的 RUN 绿色指示灯亮,表示正常,如有任何一只红色报警指示灯点亮,则重新检查硬件组态和程序是否有错。

项目 4.13　加工站(第三站)(1)

4.13.1　项目目的

①利用所学的指令完成加工站程序的编制。

②本项目是第三站,通过熟悉第三站,就可获得其他各站的相关内容,为所有站的拼合与调试作好准备。

③提高学生使用现代化工具的能力,为学生将来从事实际工程项目打下基础。

④培养学生的工程师职业基本道德、团队合作能力和工匠精神。

4.13.2　项目设备

①安装有 WINDOWS 操作系统的 PC 机一台(具有 TIA Portal 软件)。

②PLC(西门子 S7-1200 系列)一台。

③PC 与 PLC 的通信电缆一根(RJ45)。

④柔性自动化生产线项目实训系统加工站。

4.13.3　项目步骤

①新建一个程序,上料检测站的工作流程如图 4-13-1 所示,根据所给流程,编制相应的运行程序。

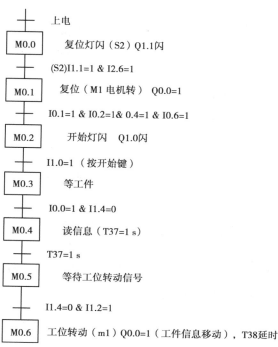

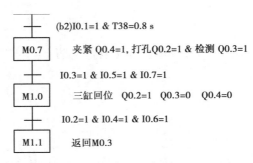

图 4-13-1　上料检测流程图

②将编制好的程序编译无错误后,下载至 PLC,然后运行程序,并将程序存盘。

项目 4.14　分类站(第八站)(1)

4.14.1　项目目的

①正确使用步进电机的控制指令,和第七站中工件的入库指令,为完成更复杂的控制作好准备。

②进一步熟悉步进电机的控制特点,培养学生根据任务的需求,编制相应程序的能力。

③提高学生使用现代化工具的能力,为学生将来从事实际工程项目打下基础。

④培养学生的工程师职业基本道德、团队合作能力和工匠精神。

4.14.2　项目设备

①装有 WINDOWS 操作系统的 PC 机一台(具有 TIA Portal 软件)。

②PLC(西门子 S7-1200 系列)一台。

③PC 与 PLC 的通信电缆一根(RJ45)。

④柔性自动化生产线项目实训系统分类站。

4.14.3　项目内容

假设有四个仓位,分别放 4 个品种的工件,见表 4-14-1。

表 4-14-1

全白	外白里黑	外黑里白	全黑

开关 I1.2:表示是否有工件;I1.2 = 1:表示有工件;I1.2 = 0:表示无工件;开关 I1.3、I1.4 用来模拟工件的四种情况,见表 4-14-2。

表 4-14-2

品种	I1.3	I1.4
全白	1	1

续表

品种	I1.3	I1.4
外白里黑	1	0
外黑里白	0	1
全黑	0	0

根据上述所给的信息和不同的工件,控制步进电机走到相应的仓位,并将工件推入仓位。

根据上述控制要求,编写相应的流程图,据此写出相应的程序,并送入 PLC 运行通过。

注意:编程时先考虑若将工件推入仓位后,退回原处,等待下一个工件。

有兴趣的话可考虑将本次工件推入仓位后,不退回原处,等待下一个工件信息,根据下一个工件信息,控制步进电机移至相应位置。

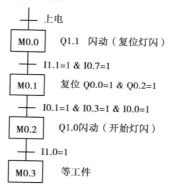

图 4-14-1　流程图

将编制好的程序编译无错误后,下载至 PLC,然后运行程序,并将程序存盘。

项目 4.15　八站联网项目

4.15.1　项目目的

①在项目 4.12 的基础上,实现八站的拼合。

②提高学生使用现代化工具的能力,为学生将来从事实际工程项目打下基础。

③培养学生的工程师职业基本道德、团队合作能力和工匠精神。

4.15.2　项目设备

①安装有 WINDOWS 操作系统的 PC 机一台(具有 TIA PortalV15 、STEP7 5.6 软件)。

②柔性自动化生产线项目实训系统八站。

③PC 与 PLC 的通信电缆一根(RJ45)。

④PN/MPI 电缆各一根。

⑤柔性自动化生产线项目实训系统中的八站。

⑥七站之间的 DP 通信连线一根。

4.15.3　项目内容

根据六站的控制要求,组建 PROFINET-PN 网络,通过 S7-300 主机采集并处理各站的相应信息,完成六站间的联动控制。

4.15.4　项目步骤

①按照项目 4.12 的步骤,先在 TIA Portal 软件中进行硬件组态,将六站的 EM277 全部加入进去,输入、输出起始地址手动更改为零,再由软件重新自动分配。完成后通过 PC/MPI 电缆下载到 300 主机中。

②根据六站间的数据传送方式,分别编写每一站 200 的程序和 300 的数据交换程序。

第一站的 M6.4(I26.4)————第二站的 M5.3(Q33.3)
第一站的 M6.0(I26.0)————第二站的 M5.0(Q33.0)
第二站的 M6.3(I36.3)————第一站的 M5.4(Q23.4)
第二站的 M6.0(I36.0)————第三站的 M5.0(Q43.0)
第二站的 M6.4(I36.4)————第三站的 M5.3(Q43.3)
第三站的 M6.3(I46.3)————第二站的 M5.4(Q33.4)
第三站的 M6.0(I46.0)————第四站的 M5.0(Q93.0)
第三站的 M6.4(I46.4)————第四站的 M5.3(Q93.3)
第三站的 M6.5(I46.5)————第四站的 M5.5(Q93.5)
第四站的 M6.0(I96.0)————第五站的 M5.0(Q103.0)
第四站的 M6.4(I96.4)————第五站的 M5.3(Q103.3)
第四站的 M6.3(I96.3)————第三站的 M5.4(Q43.4)
第五站的 M6.3(I106.3)————第四站的 M5.4(Q93.4)
第五站的 M6.0(I106.0)————第六站的 M5.0(Q53.0)
第五站的 M6.4(I106.4)————第六站的 M5.3(Q53.3)
第六站的 M6.3(I56.3)————第五站的 M5.4(Q103.4)
第六站的 M6.0(I56.0)————第七站的 M5.0(Q63.0)
第六站的 M6.1(I56.1)————第七站的 M5.1(Q63.1)
第六站的 M6.2(I56.2)————第七站的 M5.2(Q63.2)
第六站的 M6.4(I56.4)————第七站的 M5.3(Q63.3)
第七站的 M6.0(I66.0)————第八站的 M5.0(Q73.0)
第七站的 M6.1(I66.1)————第八站的 M5.1(Q73.1)
第七站的 M6.4(I66.4)————第八站的 M5.3(Q73.3)
第八站的 M6.3(I76.3)————第七站的 M5.4(Q63.4)

③分别下载 200 程序组中的六站程序到各自的 PLC 中。程序下载完成后,将七站电源全部关闭。用 PN 网线连接 300 主机的 PN 口上,把各站的终端电阻开关打到合适的位置上,并用一字螺丝刀将网络联接器旋紧。

④开启七站的电源,将 300 的运行开关打到 RUN 位置,主机上的 RUN 绿色指示灯亮,表

示正常;如有任何一只红色报警指示灯点亮,则重新检查硬件组态和程序是否有错。

⑤系统上电后,先按下各站的"上电"按钮,这时复位灯开始闪动,如第一次开机,请将各站工件收到上料检测站或安装站中,而后依次按下"复位"按钮,待各站完全复位后,各站开始灯闪动,再从第六站开始依次向前按下"开始"按钮,系统可开始工作。当任一站出现异常,按下该站"急停"按钮,该站立刻停止运行。当排除故障后,按下"上电"按钮,该站可接着从刚才的断点继续运行。如工作时突然断电,来电后系统重新开始运行。

⑥观察并分析当第一站完成一个运行周期后,第二站运行到何处时又重新触发第一站运行? 各站的动作又同时受到前站和后站的哪些因素制约? 第七站分类排列的正确性受哪些方面的影响?

第 **5** 章
S7-300PLC 编程控制与通信

项目 5.1　TIA Portal 的 TIA V15 编程基础及 S7-300PLC 组态

5.1.1　项目目的

通过教师讲解 TIA Portal 软件和硬件组态的基础知识,使同学们掌握使用 TIA Portal 的步骤和硬件组态等内容,为后续项目打下基础,培养学生的工程师职业基本道德、工匠精神。

5.1.2　演示内容

1)组合硬件和软件

TIA Portal 的 V15.0 是用于 SIMATIC S7-1200/S71500/S7-300/400 PLC 站的组态创建及设计 PLC 控制程序的标准软件。首先必须运行 TIA Portal 的 V15.0 的软件,在该软件下建立自己的文件,此后根据需要,再对 SIMATIC S7-300PLC 站进行组态,并下载到 S7-300PLC 中,随后可使用 TIA Portal 的 V15.0 软件中的梯形逻辑、功能块图或语句表对需要的程序进行编程,还可应用 TIA Portal 的 V15.0 对程序进行调试和实时监视。

SIMATIC S7-300PLC 是一种模块化的结构,可根据需要进行灵活配置,选用所需要的模块。S7-300 可编程控制器的基本单元包括一个供电单元,一个 CPU,以及输入和输出模板。还可以根据需要带模拟量单元、通信单元、特殊控制单元等。PLC 用 S7 程序监视和控制机器,在 S7 程序中通过地址寻址 I/O 模板。使用 TIA Portal 的 V15.0 软件可以在一个项目下生成 S7 程序,对 S7-300PLC 进行组态、编制程序和进行监控。

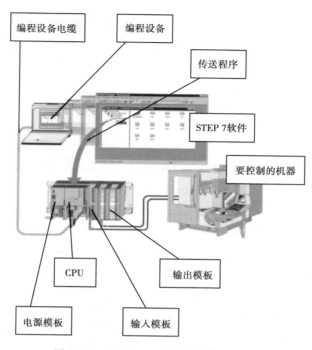

图 5-1-1　TIA Portal 的硬件软件组合

2）使用 TIA Portal 的 V15.0 的步骤

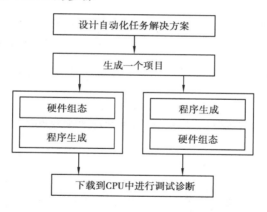

图 5-1-2　TIA Portal 的基本步骤

建议先硬件组态,这样 TIA Portal 在硬件组态编辑器中会显示可能的地址。

3）启动 SIMATIC 管理器并创建一个项目

（1）新建项目

首先在电脑中必须建立自己的文件:File→New。

硬件组态

在自己的文件下,对 S7-300PLC 进行组态,一般设备都需有其组态文件,西门子常用设备的组态文件存在 TIA Portal 的 V15.0 中。其步骤如下:

①设备和网络→控制器→SIMATIC 300;

②将轨道、电源、CPU、I/O 模块组态到硬件中。

图 5-1-3　建立新项目

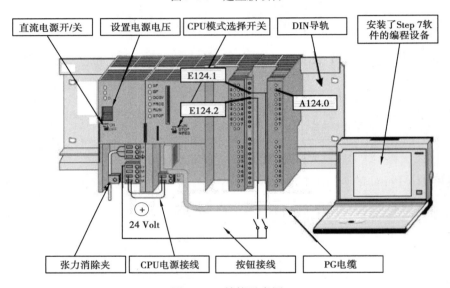

图 5-1-4　结构示意图

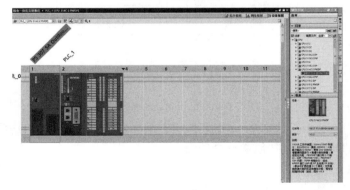

图 5-1-5　硬件组态

③插入电源:选中导轨模块 1, 插入电源模块 PS-300→PS307 5A;

④插入 CPU:选中导轨模块 2,插入 CPU 模块 CPU-300→CPU315-1DP;

⑤插入输入/输出模块 DI:选中(0)UR 中 4,插入输入模块 SM-300→DI-300→SM321 DI32 * DC24V;选中(0)UR 中 5,插入输出模块 DO:SM-300→DO300→SM322 DO32 *

DC24V/0.5A。

注意:(0)导轨中 3 是不组态的。组态完后,保存并编译,关闭硬件组态窗口。

注意:订货号必须与硬件实物订货号相同。实际组态时应视具体情况而定,即有什么硬件就组态什么硬件,没有实物的不要组态。

(2)S7-300PLC CPU 的开关与指示灯

S7-300PLC CPU 的开关与指示灯如图 5-1-6 所示。

模式选择器:

MRES:模块复位功能。

STOP:停止模式,程序不执行。

RUN:程序执行,编程器只读操作。

RUN-P:程序执行,编程器读写操作。

指示灯:S F:组错误:CPU 内部错误或带诊断功能功能错误。

FRCE:FORCE:指示至少有一个输入或输出被强制。

BATF:电池故障:电池不足或不存在。

DC5V:内部 5 V DC 电压指示。

RUN:当 CPU 启动时闪烁,在运行模式下常亮。

STOP:在停止模式下常亮,有存储器复位请求时慢速闪烁。

图 5-1-6　CPU 开关与指示灯　正在执行存储器复位时快速闪烁,由于存储器卡插入需要存储器复位时慢速闪烁。

(3)编程

S7-300PLC 采用模块化的编程结构,包含有通用的 OB 组织块,通用的 FC、FB 功能与功能块,西门子提供的 SFC,SFB 系统功能块,DB 数据块,各个模块之间可以相互调用。OB1 是其中的循环执行组织块,程序首先并一直在 OB1 中循环运行,在 OB1 中可以调用其他程序块执行。

S7 Program 下的 Block 中,选定并打开 OB1,用梯形逻辑图编程,再保存编译和下载,即可执行程序。

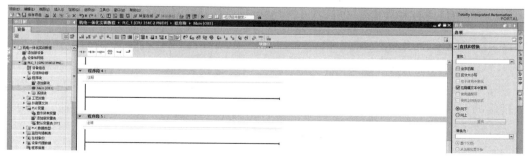

图 5-1-7　编程界面

(4)程序的清除(存储器复位)

①模式选择器放在 STOP 位置;

②模式选择器保持在 MERS 位置,直到 STOP 指示灯闪烁两次(慢速);

③松开模式选择器(自动回到 STOP 位置);

④模式选择器保持在 MERS 位置(STOP 指示灯快速闪烁);

⑤松开模式选择器(自动回到 STOP 位置)。

(5)运行并监控

将 CPU 打到 STOP 模式,下载整个 SIMATIC 300 Station。再将 CPU 打到 RUN 模式,打开监视,程序运行状态可以在 OB1 上监视到。

5.1.3　观察内容

观察在 TIA Portal 的编程软件中建立项目和组态硬件的详细过程,学会自己建立项目和硬件组态,看懂教师的例子程序,为后续项目打好基础。

5.1.4　项目报告要求

在自己动手做通单台 S7-300 项目的基础上,按照学校要求的统一格式写出项目报告,内容以观察到的项目过程为主,并完成后面的思考题。

5.1.5　思考题

①为什么要进行硬件组态?

②硬件组态和程序生成有先后之分吗? 哪种比较方便些?

项目 5.2　S7-300PLC 之间的 DP 通信

5.2.1　项目目的

熟悉现场总线 PN 网络通信的基本原理,掌握 S7-300 编程和两个 PLC 之间 PN 网络通信的具体方法。

5.2.2　项目内容和要求

对 PLC 及 DP 网络组态,采用 TIA Portal V15.0 编程,以 DP 网络通信的方式,在第二台 S7-300(从站)的程序中编译一组(三个)两字节的密码,分别为 256,512,1280,在第一台 S7-300(主站)上输入 16 位的开关信号。如果开关信号与其中一组密码相同,则第一台 PLC 的一个指定的相应输出点上的输出信号亮,即输入信号是 256,则 Q4.0 亮,输入信号是 512,则 Q4.1 亮,输入信号是 1280,则 Q4.2 亮;否则没有灯亮。

5.2.3　项目主要仪器设备和材料

S7-300 可编程控制器,开关装置,S7-300 适配器,装有 TIA Portal 的 STEP7 软件的工控机。

5.2.4　项目方法、步骤及结构测试

1）项目方法

（1）硬件连接

将两台的 DP 口通过 PROFIBUS 电缆连接,开关输入量接在主站的 DI 模块上;同时将两台 PLC 全部清除原有程序,打到 STOP 挡,为硬件组态和编程作好准备。

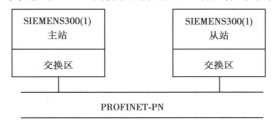

图 5-2-1　DP 通信示意图

（2）组态硬件

①新建项目:在 TIA Portal 的 STEP7 中创建一个新项目,然后选择设备与网络→硬件目录→控制器,插入两个 S7 300 站,这里命名为 Simatic 300(master) 和 Simatic 300(slave),如图 5-2-2 所示。当然也可完成一个站的配置后,再建另一个。

图 5-2-2　新建站点　　　　　　　　　图 5-2-3　主从设备组态

②组态硬件。从站和主站硬件根据实际选定,原则上要先组态从站,如图 5-2-3 所示。双击硬件,进入硬件组态窗口,在功能按钮栏中点击"硬件目录"图标打开硬件目录,按硬件安装次序和订货号依次插入机架、电源、CPU 和输入/输出模块等进行硬件组态,主从站的硬件组态原理一样。

（3）参数设定

硬件组态后,双击 DP(X2)插槽,打开 DP 属性窗口点击属性按钮进入 PROFIBUS 接口组态窗口,进行参数设定。

①从站设定:在 DP Properties 对话框中选择 Operation mode 标签,将 DP 属性设为从站(Slave),如图 5-2-4 所示。然后点击" General"标签,点击"属性"按钮,之后点击 Network Settings 标签,对其他属性进行配置,如站地址、波特率等,如图 5-2-5 所示。

图 5-2-4　设为从站　　　　　　　　　　图 5-2-5　站址号、波特率的设定

②主站设定:在 DP Properties 对话框中选择 Operation mode 标签,将 DP 属性设为主站(Master),如图 5-2-6 所示。然后点击"属性"→"PROFIBUS 地址"标签,对其他属性进行配置,如站地址、波特率等,如图 5-2-7 所示。注意:这里的主站地址跟从站的地址不能重复。

图 5-2-6　设为主站　　　　　　　　　　图 5-2-7　站址号、波特率的设定

③连接从站:在硬件组态(HW Config)窗口中,打开窗口右侧硬件目录,选择"PROFINET DP→Configured Stations"文件夹,将 CPU31x 拖拽到主站系统 DP 接口的 PROFIBUS 总线上,这时会同时弹出 DP 从站连接属性对话框,选择所要连接的从站后,点击"Connect"按钮确认,如图 5-2-8 所示。

注意:如果有多个从站存在时,要一一连接。

④设定交换区地址。双击图 5-2-8 中的从站,选择"Configuration"标签,打开 I/O 通信接口区属性设置窗口,进行如图 5-2-9 所示的设置。

图 5-2-8　连接从站　　　　　　　　　　图 5-2-9　设定交换区域参数

Address type:选择"Input"对应输入区,"Output"对应输出区。

Address:设置通信数据区的起地址。

Length:设置通信区域的大小,最多 32 字节。本例设为 8 字节。

Unit：选择是按字节（byte）还是按字（word）来通信。

Consistency：选择"Unit"是按在"Unit"中定义的数据格式发送，即按字节或字发送。

图中的 address 栏项目时请填与编程相对应的地址，千万不要照抄！

从站与主站设置完成后，点击编译 ![icon] 存盘按钮，如图 5-2-10 所示，编译无误后即完成从站和主站的组态设置。

（4）检查网络

在图 5-2-10 中点击 Configure Netword 图标 ![网络视图] 。打开网络组态查看，如图 5-2-11 所示。

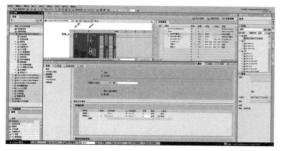

图 5-2-10　编译存盘　　　　　　　　　　图 5-2-11　网络组态

（5）设计程序（图 5-2-12）

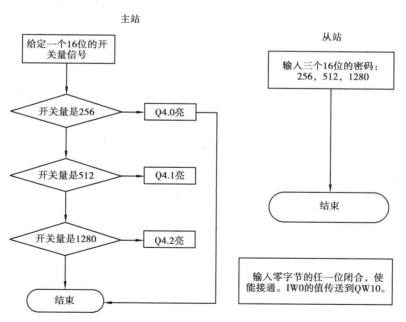

图 5-2-12　程序框图

（6）程序清单

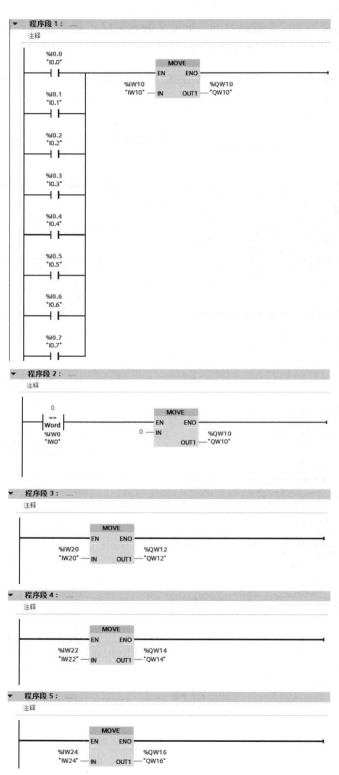

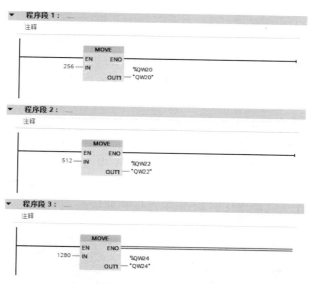

图 5-2-13　主站程序

从站中密码设定。

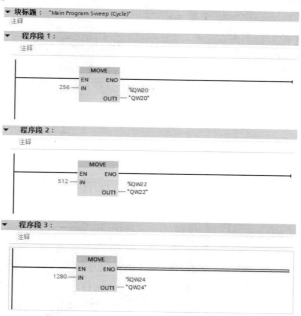

图 5-2-14　从站程序

（7）运行及项目结果

输入开关量 1，则 Q4.0 亮；输入开关量 2，则 Q4.1 亮；输入开关量 5，则 Q4.2 亮，输入其他量时，信号与密码不同，无灯亮。

2）试运行

系统开始试运行，所有的工作站连接到它们的默认安装位置。

传送系统拥有几个在启动前需要连接的元件，这个过程将在下面的章节里一一介绍。

（1）气动试运行

机械安装必须完全结束，最初将工作站接上压缩空气，系统的气动维护单元提供 6 bar 的气体压力，快插插头的额定尺寸是 5 mm。另外，现有的空压系统需要额定尺寸是 7.9 mm 快插插头，那么就可以用一个大的接头（1/8 或是 1/4）更换快插插头。

（2）电气试运行

在这点上，系统需要提供电压支持，工作站的控制器提供 230 V，分料站通过安全插座连接到其他各站，这就需要电缆连接到安全插座上，对于使用者来说是绝对安全的。

操作过程中避免问题出现，建议安装独立的 16 A 电流控制。

（3）建立通信连接

传送系统的内部连接线是固化的，不需要连接和插接。

依据下面的举例建立与其他站的通信连接，如果要连接到所有的站请看下面的介绍。

图 5-2-15   MPS-station

I/O 通信举例：

①用黑色连接件连接 MPS-station 的两侧。

②用一端是 i/o-4 mm 安全插座连接到工作站的控制面板部分。

③用一端是 i/o-4mm 安全插座连接到工作站的 SYS-link 接口上。

图 5-2-16   连接工作站接口

图 5-1-17   SYS-link 接口

注意：所有连接都要依据端口标识进行连接。

（4）急停系统

传送的急停系统未激活，系统急停的连接如图 5-2-18 所示。

图 5-2-18　急停连接器

3）操作

（1）注意事项

工作站的运行一定要遵循工作站的运行要求。

①操作规则：

a. 禁止运行工作站时有人为干涉。

b. 如有大规模的参观者，工作站就需要安装参观障碍物，以免在运行的时候发生断电的可能。

②工作规则：

a. 工作站只能由接受过训练的人员进行操作。

b. 根据操作手册运行设备。

c. 注意各种非控制的开关/控制单元的按键。

d. 确定没有工件放在系统上。

（2）调整

①要求必备的条件。

各个工作站开始进入调整过程，首先送料站的调整是必要的，送料站的旋转摇臂必须可以连接到检测站！

调整过程（可以是停止或是急停之后）可以通过拨动 AUTO/MANU 按钮的位置独立进行。

Auto－拨到竖直方向/ 自动循环

Manuel－拨到水平方向/ 单步循环

MPS 工作站的调整过程

RESET 灯亮→可以进行调整

按 RESET 键

工作站运行到初始位置

START 灯亮→指示灯提示到达初始位置

旋转 AUTO/MAN 键转到"AUTO"位置

按 START 键→工作站开始运行（指示灯灭）

②机械手控制器说明。

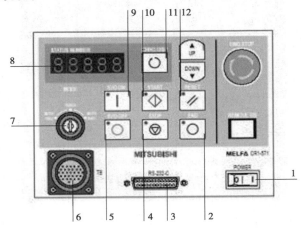

图 5-2-19   机械手控制器示意图

表 5-2-1

NO.	描述	功能
1	POWER	控制电源开关
2	END	执行停止程序
3	RS232C connector	PC 连接接口
4	STOP	立即停止机械手伺服不关闭
5	SVO. OFF	关闭伺服电源
6	T/B connector	连接手控盒接口
7	MODE Auto(Op)	仅用于控制器的连接操作控制器
	MODE Teach	仅用于使用手控盒
	MODE Auto(Ext)	仅用于外部设备的连接
8	Status. Number	警告数字、程序数字的显示
9	SVO. ON	打开伺服电源
10	START	程序运行
11	CHANGE. DISP	改变显示内容
12	RESET	复位程序

③机械手控制器启动说明。

a. 开启控制器电源 POWER 黑色按钮。

b. 将钥匙旋钮拨到 MODE Auto(Op)位置。

c. 按下 CHANGE. DISP 键选择程序选中 P. 0001(9 站 MPS),P. 0002(8 站 MPS)。

d. 按下 SVO. ON 开启伺服。

e. 按下 RESET 系统复位。

f. 按下 START 运行程序。

[]

图 5-2-20　机械手控制器面板（启动状态）

4）PROFINET-DP with WinCC

（1）MPS 系统高级应用

MPS 系统的扩展部分主要是具有通信等级类似 wincc 系统的 SCADA（Supervision, Control And Data Acquisition）使用,因此称为 MPS 系统高级应用。数据通过 PLC PROFINET-PN 总线和 SCADA 系统的 WINCC 进行交换。所有的 PLC 工作站都设置成主站,因此在 PLC 工作站之间没有编程数据交换,WINCC 从 PLC 中发送和接收数据,PLC 的输入、输出或是内存地址都是显而易见的。读写信息（交换数据）只能通过内存地址或数据块内容（位、字节、字……）。

①运行 MPS 高级系统。

运行 WINCC 之前你必须确定所有的 MPS 系统的程序都下载到每个 PLC 中和系统连线:

DC24V 电源

6bar 气动压力

I/O 通信连线

连接到每个 PLC 和电脑的 Profibus 连线

系统要求:

Windows 2000 with SP2, English or German Version with Internet Explorer V5.5

TIA Portal 的 STEP7 V5.1 SP3

②Profibus-card installed to the computer, e. g. Siemens CP5611, CP5613 or CP5511。

③Profibus 网络设置。

图 5-2-21　PROFIBUS-DP 网络

表 5-2-2   PROFINET-PN 网络参数

Station	PROFIBUS-DP address
Distribution	2
Testing	4
Processing	6
Handling（Processing）	8
Handling（Sorting）	10
Sorting	12

（2）MPS 高级通信

①步骤 1：PLC 下载。

清除所有 PLC 中的程序，下载关于 MPS 高级通信的程序到每个 PLC。再次启动 PLC 程序-> RUN。

②步骤 2：设置 WinCC。

双击桌面上的 WINCC 图标或看下面视图：

图 5-2-22   打开 WINCC 应用程序   图 5-2-23   打开文件

图 5-2-24   寻找指定程序

如果你下次再运行 WINCC，那么程序就会自动打开。

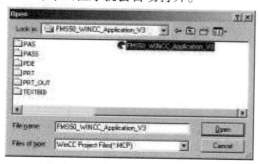

图 5-2-25　打开程序

单用户系统的 WINCC 程序为 SCADA 系统进行操作服务，因此必须改变服务器名称，但是首先必须打开程序然后改变名称。

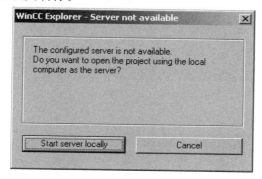

图 5-2-26　Start server locally

在程序中的计算机名称必须与电脑的计算机名称一致，否则程序不能运行。

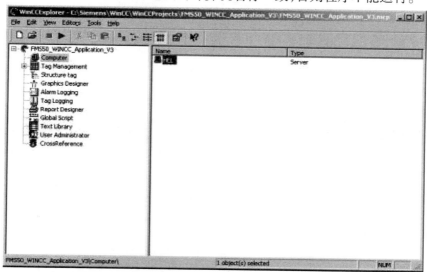

图 5-2-27　改变计算机名

- WinCC Explorer→Computer→actual computer name in right window。
- double click→Computer properties→change name。

图 5-2-28　更改计算机名界面

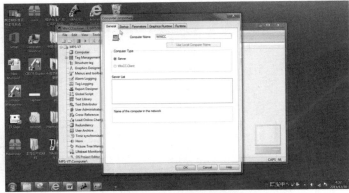

图 5-2-29　输入名后

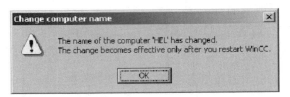

图 5-2-30　保存新计算机名

请关闭 WINCC：File→Exit。

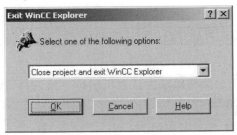

图 5-2-31　重启 WINCC

③步骤 3：查询电脑名称。

打开网络和拨号连接：Start→Settings→Network and Dial-up Connections。

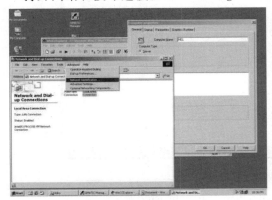

图 5-2-32　打开网络和拨号连接设置

图 5-2-33　打开网络标识

打开网络标识:Advanced→Network Identification…找到计算机名,如"festo1"。

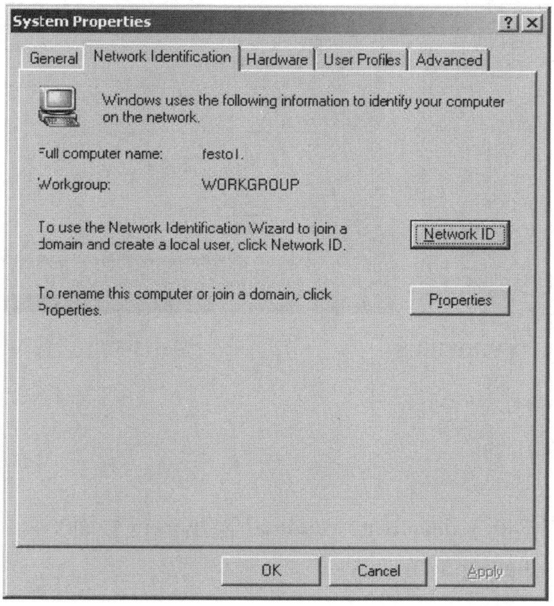

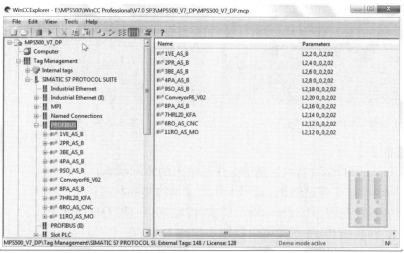

图 5-2-34　设置网络标识

④步骤 4:检查连接参数。

在 WINCC 和 PLC 之间通过 PROFIBUS-DP 进行连接,就需要为 WINCC 选择系统参数。

图 5-2-35　打开 PROFIBUS-DP

→+Tag Management→+ SIMATIC S7 PROTOCOLL SUITE→+PROFIBUS→on click with right mouse button→System Parameter…

请选择 Profibus 驱动卡。Profibus 驱动卡的型号可能是 CP5511,CP5611(e. g.), CP5613 and old CP5412。如果已经设置完毕就不要改变。

⑤步骤 5:运行 WinCC。

→File→Acticate(或点击播放按钮)

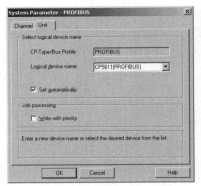

图 5-2-36 设置 choose CP5611(PROFIBUS)

图 5-2-37 运行 WINCC

（3）MPS 高级应用操作

①Window：MPS_Start. pdl。

按键及功能：

1Exit Runtime(结束运行) deactivate runtime(退出运行界面)

②Window：02_Distributing. PDL。

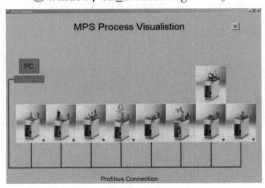

图 5-2-38 MPS 启动界面

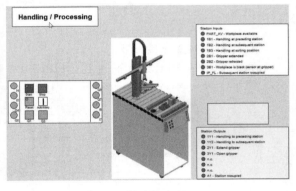

图 5-2-39 Distribution station

按键和功能：

a. Station inputs(工作站输入) 显示工作站输入的实际状态；

b. Station outputs(工作站输出) 显示工作站输出的实际状态；

c. Control panel(控制面板) 显示通信的实际状态(I4—I7，Q4—Q7)。

点击 Start，Stop or Reset 按键可以控制工作站

－ Start—Button,启动按键

－ Stop—Button,停止程序

－ Reset—Button,工作站复位

4Back(返回),点击回到主页

③Window：03_Testing. pdl。

74

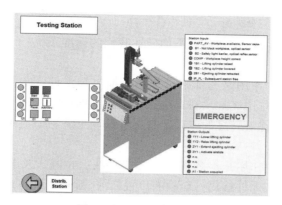

图 5-2-40　Testing station

表 5-2-3　按键和功能说明

按键和功能：

Station inputs（工作站输入）	显示工作站输入的实际状态
Station outputs（工作站输出）	显示工作站输出的实际状态
Control panel（控制面板）	显示通信的实际状态（I4-I7，Q4-Q7）
	点击 Start，Stop or Reset 按键可以控制工作站
	StartButton，启动按键
	-Stop-Button，停止程序
	-Reset-Button，工作站复位
Back（返回）	点击回到主页

下面图形功能与上面相同：

12_Handling_Proc_Bearb. pdl

13_Processing_Bearbeiten. pdl

17_Handling_Sorting_Sortieren. pdl

18_Sorting_Sortieren. pdl

Window：04_RobotAssembly. pdl

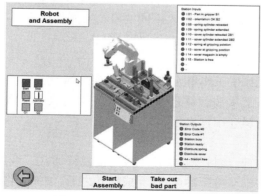

图 5-2-41　Robot and Assembly

5）科技

MPS 系统包括 9 个系统运行状态，下面叙述我们的标准系统。

（1）系统运行状态 1

供料工作单元的主要作用是为加工过程逐一提供加工件。在管状料仓中最多可存放 8 个工件。供料过程中，双作用气缸从料仓中逐一推出工件；然后，转换模块上的真空吸盘将工件吸起，转换模块的转臂在旋转缸的驱动下将工件移动至下一个工作站的传输位置。

（2）系统运行状态 2

检测工作单元的主要作用是检测加工工件的特性。光电式及电容式传感器完成区分工件的工作。在加工工件被无杆缸提升至检测位置之前，由向后反射式光电传感器检测该位置是否为空。模拟量传感器检测工件的高度。无杆缸将合格的工件传送至气动滑槽的上层，并将不合格的工件检出至气动滑槽的下层。

（3）系统运行状态 3

在加工工作单元，工件将在旋转平台上被检测及加工。本单元是唯一一个只使用电气驱动器的工作单元。旋转平台由直流电机驱动。平台的定位由继电器回路完成，电感式传感器检测平台的位置。工件在平台平行地完成检测及钻孔的加工。由带电感式传感器的电磁执行装置来检测工件是否被放置在正确的位置，在进行钻孔加工时，电磁执行件夹紧工件，加工完的工件通过电气分支传送到下一个工作站。

（4）系统运行状态 4

操作手工作单元配置了柔性 2-自由度操作装置。漫反射式光电传感器对放置在支架上的工件进行检测。提取装置上的气抓手将工件从该位置提起，气抓手上装有光电式传感器用于区分"黑色"及"非黑色"工件，并将工件根据检测结果放置在不同的滑槽中。本工作单元可与其他工作单元组合并定义其他的分类标准，工件可以被直接传输到下一个工作单元。

（5）系统运行状态 5

暂存工作单元可存放并分隔 5 个加工工件。传送带起始位置的漫射传感器检测被送入的工件。分隔器上端及底部的光栅进行的加工控制是：如果传输点为空，则分隔器送入一个工件。该动作由短行程缸来完成。短行程缸终端位置由终端位置传感器检测。

（6）系统运行状态 6

机械手工作单元将通过滑槽传送至此单元的工件传送到组装平台上。气抓手上的传感器根据颜色（黑色/非黑色）区分工件。组装平台上的传感器监测工件的方位。从组装平台开始，机械手将对工件进行分类并相应放入不同的料仓或直接放到下一个工作单元。将其他工作单元与机械手工作单元组合可完成加工工件的组装。

（7）系统运行状态 7

组装工作单元需与机械手工作单元共同使用。该单元为工件的组装操作提供元件：加工工件气缸端盖由双作用气缸从端盖料仓中推出，气缸活塞放置在活塞托盘中，气缸弹簧由另一双作用气缸从一较细的料仓中推出。

（8）系统运行状态 8

加工工件进入本站之前，塑料气缸端盖上没有活塞杆通孔。液压冲压工作单元的主要工作是冲孔。双作用气缸将端盖推至冲床，在完成冲孔之后，该气缸将成品端盖推出。

（9）系统运行状态 9

进入成品分装工作单元的加工工件被分别放置在三根不同的滑槽上。当工件被放在传送带起始位置时受到漫射传感器的检测。制动器上方的传感器检测工件的特性（黑色、红色、金属色）。由双作用气缸通过偏针仪控制的分离器将工件分捡到正确的滑槽上。

6）气动

气缸的伸出阻挡运行的传送带小车，阀需要 CPE10 型阀。

（1）阀（图 5-2-42）

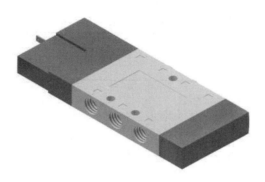

图 5-2-42　阀

表 5-2-4

举例 CPE10 型阀	
传送带要特殊的阀岛	
Pos.	Designation	
1	Order number	161 868
2	Order designation	CPE10-M1H-5L-Mt
3	Order number cable	MZB-92E..AZ

（2）阀的接口（图 5-2-43）

图 5-2-43　阀的接口

表 5-2-5

Pos.	Designation	
举例 ASI-EVA 阀接口		
在阀岛接口上接通阀		
Pos.	Designation	
1	Order number	196 087
2	Order designation	ASI-EVA-K1-2E1A-Z
3	Outputs	1
4	Inputs	2

（3）气动连接

①气压不能超过 10bar。

②必须安装空气过滤器,防止污染物进入系统。

③系统气压安装规定系统设置应为 5~6 bar,滤芯和水雾分离器根据说明书进行维护。

7）电子系统

电子系统包括所有电缆的连接和所有系统通信电缆的连接。

（1）支持电压

传送带系统根据正常的安装标准连接到具有保护功能的电源插座,工作电压是 230 V,用户需要确定电网是否接地。如果几个安装设备同时启动,这些设备分别连接到控制面板的开关上和所有允许输出。传送带控制箱的 24 V 直流电是 2 针电缆,工作站使用电压是 24 V,24 V 接到接线端子上。

图 5-2-44　气源

图 5-2-45　电缆连接

（2）急停系统

急停系统控制传送系统,急停开关位于工作站的控制箱上,它连接着所有的操作位置和所有的急停设备。

①外部急停设备,如图 5-2-46 所示。

图 5-2-46　外部急停设备

比如,外部急停传送系统用 2 针电缆控制外部急停设备,设备连接到 2 针 Phönix 接头上。

②PLC 板上的急停。

PLC 板连接到 4 针接点上,在这里 2 根线作为站的反馈另外 2 根线作为 PLC 板的急停。

8)控制系统

PLC 具有控制传送系统的功能,并且具有更高级的通信功能来控制其他工作站,还可定义 I/O 接口,因此在完整的控制层控制具有主要功能。

系统有 3 种不同的控制方式:

L1 = I/O 通信方式

L2 = I/O 和 PROFINET DP 通信方式

L2 = I/O and Ethernet 通信方式

为此传送系统的控制 Siemens S7-300 系列包含以下几种模块:

(1)控制设置

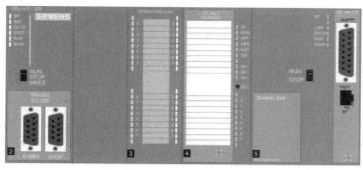

图 5-2-47　传送系统控制界面

(2)布线

工作站内部布线和与其他站布线的说明如下:

①I/O 元件。

控制元件直接连接到传送系统的控制部分。

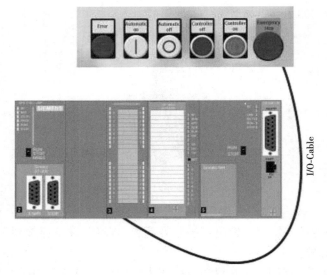

图 5-2-48　通信控制元件连接

I/O 标准接口确保通信无误,I/O 端口有利于所有的操作位置。

图 5-2-49　I/O 端口

②I/O 端口数据。

技术数据

表 5-2-6

插线类型	IEEE 488　24-pin
输入	8（from which 4 are connected）
输出	8（from which 4 are connected）
电流消耗	Max. 1A each PIN
提供电压	24VDC

图 5-2-50　I/O 端口

表 5-2-7

OUT BIT 0	1	13	IN BIT 0
OUT BIT 1	2	14	IN BIT 1
OUT BIT 2	3	15	IN BIT 2
OUT BIT 3	4	16	IN BIT 3
OUT BIT 4	5	17	IN BIT 4
OUT BIT 5	6	18	IN BIT 5
OUT BIT 6	7	19	IN BIT 6
OUT BIT 7	8	20	IN BIT 7
POWER 24 VDC	9	21	POWER 24 VDC
POWER 24 VDC	10	22	POWER 24 VDC
POWER 0 VDC	11	23	POWER 0 VDC
POWER 0 VDC	12	24	POWER 0 VDC

syslink pin assignment					
01	Bit 0 Output word	white	13	Bit 0 Input word	grey-pink
02	Bit 1 Output word	brown	14	Bit 1 Input word	red-blue
03	Bit 2 Output word	green	15	Bit 2 Input word	white-green
04	Bit 3 Output word	yellow	16	Bit 3 Input word	brown-green
05	Bit 4 Output word	grey	17	Bit 4 Input word	white-yellow
06	Bit 5 Output word	pink	18	Bit 5 Input word	yellow-brown
07	Bit 6 Output word	blue	19	Bit 6 Input word	white-grey
08	Bit 7 Output word	red	20	Bit 7 Input word	grey-brown
09	24 V Power supply	black	21	24 V Power supply	white-pink
10			22		
11	0 V Power supply	pink-brown	23	0 V Power supply	white-blue
12	0 V Power supply	purple	24		

表 5-2-8　I/O 端口的分配

卡线位置	位	功能	颜色	卡线位置	位	功能	颜色
01	0	Output	white	13	0	Input	Grey-pink
02	1	Output	brown	14	1	Input	Red-blue
03	2	Output	green	15	2	Input	White-green
04	3	Output	yellow	16	3	Input	Brown-green
05	4	Output	grey	17	4	Input	White-yellow
06	5	Output	pink	18	5	Input	Yellow-brown
07	6	Output	blue	19	6	Input	White-grey
08	7	Output	red	20	7	Input	Grey-brown
09	24 V	Voltage supply	black	21	24 V	Voltage supply	White-pink
10				22			
11	0 V	Voltage supply	pink-brown	23	0 V	Voltage supply	White-blue
12	0 V	Voltage supply	purple	24			

9）编程

安装列表提供了简单而清晰的程序，ASI 列表也可以帮助我们快速地了解安装过程。

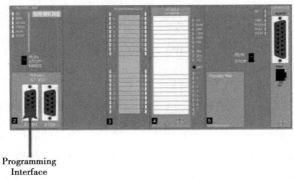

Programming
Interface

图 5-2-51　编程接口

①Siemens 控制器的程序存在两种可能性。

②MPI 电缆用于编程，如果用到特殊的 Siemens 编程设备，那么就可以用到普通的电脑、可以安装在电脑里的 MPI 卡。这样就可以用带编程卡的电脑取代普通电缆进行工作。

③需要带有适配器控制盒的 MPI 电缆，那么电脑就可以脱离 MPI 卡工作。

5.2.5　项目报告要求

在自己动手做通项目的基础上，按照学校要求的统一格式写出项目报告，并完成后面的思考题。

5.2.6　思考题

①指出 PROFIBUS 中,DP 与 MPI 通信的特点与区别。

②简述 PROFINET-PN 的连接器与电缆的连接特点和方法。

③简述数据交换过程及数据交换区的设置方法。按下复位键后,无杆气缸左腔没有气,而右腔有一高压气的,气抓手组件。

项目 5.3　MPS 实验指导书

5.3.1　总述

1)基础培训与综合培训

基础培训本着由简单到复杂的原则,对学员进行机电一体化的专业培训。

综合培训主要面向对机电一体化设备有一定基础的高级学员,使其成为机电一体化的专业人才。

表 5-3-1

基础培训	综合培训
气动基础	质量保证
电气气动基础	物料存储
PLC 编程	设备维护
机械手编程	在线监控
操作手技术	故障检测
组装技术	故障排除

2)培训总述

(1)气动基础培训内容

①物理基础知识。

②控制技术的基础知识及相关术语:控制回路、信号流,回路图的构成及绘制。

③气动线性工作元件。

④气动换向阀的结构及其原理。

⑤压力阀、节流阀、开关阀等常用阀的工作原理。

⑥具有逻辑功能气动元件的工作原理及逻辑控制回路。

⑦基本控制回路。

⑧安全防护措施。

⑨气动元件的结构和功能。

⑩复合控制。

⑪真空控制。

⑫顺序控制。

⑬实验回路故障分析及排除。

⑭安全保护（用急停阀）。

（2）电气气动培训内容

①电气及气动的基础知识。

②电气动元件的结构及功能。

③控制系统的运行过程及开关状态。

④继电器控制回路。

⑤自保回路。

⑥磁感应式接近开关的应用。

⑦压力继电器的应用。

⑧简单电气气动控制回路的故障分析。

⑨电气及气动的物理基础知识。

⑩电气动元件的结构及功能。

⑪控制系统的运行过程及开关状态。

⑫继电器控制原理。

⑬电气自保持回路。

⑭磁感应式接近开关的应用。

⑮压力继电器的应用。

⑯传感器在控制系统中的应用。

（3）西门子 PLC 培训内容

SIMATIC S7-300,作为工业应用的模块化 PLC 系统。Festo Didactic 将其引入教学系统,进一步加工,使之成为适合 ER 电器安装支架的规格,以满足职业和继续教育的需要。S7 EduTrainer® 紧凑型实验装置安装了 S7-300 系列 PLC,如:集成数字量和模拟量输入输出的 S7-313C ,集成数字量和模拟量输入输出以及 PROFINET-PN 的 S7-313C-2DP。

接口：

①2 个 SysLink 接口,即含 8 个数字量输入/输出端的 IEEE 488 接口。

②接 24 V 工作电压的 4mm 安全插头。

③连接 CPU S7-313C-2DP 的 MPI 接口或额外的 Profibus DP 接口。

④AS-I 连接插座。

⑤急停功能。

（4）MPS 系统设备通信方式培训内容

①了解通信方式的种类。

②熟悉通信方式的工作原理。

③运用各种通信方式进行工业控制训练。

（5）MPS I/O 连接培训内容

工作站与传送带系统控制器之间的通信在一定程度上讲是简单而清晰的,这有利于学员对知识的掌握。少数信号通过安全接口独立连接。LED 及时显示信号状态,因此无需在通信过程中使用其他测试测量设备。

在项目实现过程中,由学员构建工作单元预定义的项目接口,保证了工作单元与传送带(WP2,3,4 或 5)之间通过 2 个数字量输入信号和 2 个数字量输出信号建立的连接。该项目接口由传送带控制器设定相应的变量激活,在接下来的项目实施过程中,初始工作单元被重新连接回系统。

(6)PROFINET 总线培训内容

①PROFINET 系统在自动化控制中的应用。

②总线系统应用标准。

③比较不同的总线系统。

④网络拓扑及存取技术。

⑤ISO/OSI 7 层模块。

⑥PROFINET-PN 基础知识。

⑦PROFINET-PN 传输系统。

⑧PROFINET-PN 主/从。

⑨通过 TIA Portal 配置 PROFINET-PN 系统。

⑩连接总线工作单元及编程。

(7)工业以太网技术培训内容

系统发生故障时如何进行紧急救援? 如何通过 E-mail 发送诊断结果的数据?

如何进行远程维护? 从传感器到因特网的无缝通信。在如 TCP/IP,OPC,SIMATIC NET 及 HTML 等标准接口及协议的基础上,完成过程监控、命令输入和系统控制间的数据处理及数据交换。

5.3.2　电气动基础实验

1)气动技术基础

(1)实验目的

通过本课程的学习,能对气动元件及气动控制回路的组成和运行有所了解。初步掌握气动技术在实际工作中的应用知识,并对其中的错误和干扰较快地作出反应。

(2)实验内容

①压缩空气的基本知识。

②气动执行元件的介绍。

③结构。

④速度控制及状态检测。

⑤气动工作元件的介绍。

⑥气控换向阀及应用。

⑦气动信号的控制。

⑧信号的产生及检测元件。

⑨气控的与,或,非逻辑控制。

⑩时间及压力控制。

⑪简单的气动控制回路。

⑫气动控制技术的技术标准。

⑬真空元件及真空技术简介。

⑭实际操作及练习。

（3）重点

了解元件实际工作状态分析气动回路。

（4）难点

①搭建气动回路。

②解决气动回路搭接过程中出现的故障。

（5）结论

了解系统工作体系并能熟练掌握气动控制工作方式。

2）气动技术提高

（1）实验目的

进一步巩固基础课程所学的气动知识，并着重对气动控制回路构成的合理性，以及含有多个执行元件的顺序控制进行分析和讨论，从而使学员在气动元件的合理使用，故障的分析与排除，以及回路的分析设计能力得以提高。

（2）实验内容

①复习气动基础课程学习的内容。

②对控制任务的分析。

③元件的合理选择和使用。

④运用步骤-运行图分析多回路控制系统。

⑤典型回路的设计、分析。

⑥气动组合元件的构成与应用。

⑦气动步进控制模块的构成及其控制回路。

⑧故障的检测及分析。

⑨实际操作及练习。

（3）重点

①了解元件实际工作状态分析气动回路控制无杆缸定位难点：搭建气动回路。

②解决气动回路搭接过程中出现的故障。

（4）难点

①设计气动回路设计启动控制回路及顺序控制回路。

②解决气动回路搭接过程中出现的故障。

（5）结论

①对比不同解决方案对气动回路设计的帮助。

②了解系统工作体系并能熟练掌握气动控制工作方式。

3）电气气动基础

（1）实验目的

通过本课程的学习，能对电气气动元件及电气气动控制回路的组成和运行有所了解，初步掌握电气气动技术在实际工作中的应用知识，并对其中的错误和干扰较快地作出反应。

（2）实验内容

①电气控制元件和气动执行元件的综合介绍。

②传感器及接近开关。

③电气及电气气动开关元件。

④电气气动控制回路的基本组成。

⑤逻辑信号的处理。

⑥有关的技术标准。

⑦实际操作及练习。

（3）重点

了解电气动元件实际工作状态分析电气动回路。

（4）难点

①设计电气动回路利用传感器和行程开关控制执行元件。

②解决气动回路搭接过程中出现的故障。

（5）结论

①对比不同解决方案对气动回路设计的帮助。

②了解系统工作体系并能熟练掌握电气动控制工作方式。

4）FLUIDSIM3.5 中文版的使用

（1）实验目的

FluidSIM®可应用于多种领域：作为教学或职业培训课程的备课工具；作为课堂练习或自学系统；作为控制技术设备改造的 CAD 系统。

（2）实验内容

①FluidSIM3.5 中文版软件的使用。

②利用 FluidSIM3.5 中文版进行气动基础练习。

③利用 FluidSIM3.5 中文版进行电气气动基础练习。

④建立自己的资料库。

⑤绘制回路图。

⑥使用预置的 100 多种元件符号。

⑦使用预置的标识符。

⑧回路连接时的网格和对齐功能。

⑨根据标准自动定位元器件。

⑩使用图层。

⑪建立绘图框架。

⑫各种图形格式打印输出，打印预览功能。

⑬自动生成元器件列表。

（3）重点

了解电气动元件实际工作状态根据流量控制阀的设置和工作压力调速得出执行元件工作曲线。

（4）难点

①设计电气动回路解决气动回路搭接过程中出现的故障。

②对执行元件工作曲线进行分析。

（5）结论

FluidSIM3.5中文版软件为学生搭建了良好的气动液压设计平台，可对比不同解决方案，对气动回路设计大有益处。

5.3.3　传感器

（1）实验目的

通过本课程的学习，能对传感器工作原理有所了解，初步掌握传感器种类及各类传感器的应用知识，并对其中的故障和干扰较快地作出反应。

（2）实验内容

①各类传感器的综合介绍。

②光电传感器原理及应用。

③电容传感器的原理及应用。

④电感传感器的原理及应用。

⑤光纤式传感器的原理及应用。

⑥传感器传感方式的应用。

a.漫射式传感器。

b.对射式传感器。

c.反射式传感器。

⑦传感器逻辑信号的处理。

⑧有关的技术标准。

⑨传感器故障排除及调试。

⑩实际操作及练习。

（3）重点

①了解传感器实际工作状态。

②工作原理图（PNP电路）传感器的工作范围。

（4）难点

在不同的工作站上选用不同的传感器利用传感器和接近开关控制执行元件搭建传感器控制回路解决由于传感器引起的系统故障。

（5）结论

传感器技术在工业生产线的应用广泛工业生产线上主要的故障问题出现在传感器上。

5.3.4　MPS 工作站

1) DISTRIBUTION (送料站)

（1）实验目的

①了解阀岛结构了解摆动执行元件的工作原理。

②熟悉真空吸盘技术（文丘式原理）熟悉工作站机械结构。

③学会运用 SIEMENS TIA Portal 的 STEP7 软件。

（2）实验内容

①熟悉工作站工作要求。

②机械组装。

③根据所给气动图搭建气动回路图。

④根据所给电气图搭建电气回路图。

⑤传感器技术。

⑥真空吸盘的应用。

⑦通信技术。

⑧控制面板技术。

⑨工作流程图的绘制。

⑩SIEMENS 300 PLC 编程。

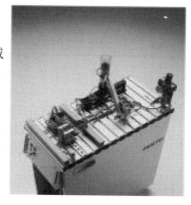

图 5-3-1　送料站

（3）重点

①能够独立完成气动和电气回路完成工作站流程图。

②完成单站工作流程的 PLC 程序难点：设计电气动回路解决气动回路搭接过程中出现的故障。

③对执行元件工作曲线进行分析。

（4）难点

①气动系统的调节电气系统的调节。

②相关 PLC 程序编写解决系统故障。

表 5-3-2　时间安排及操作步骤

项目	项目内容	所需时间
1	根据图纸组装机械元件	2 小时
2	定义控制要求（急停、操作方式）	1 小时
3	规划控制动作要求	1 小时 30 分钟
4	选件、安装、走气管和布线要与工作手册一致	2 小时
5	PLC 板的安装和布线要与工作手册一致	2 小时
6	编写 PLC 程序	10 小时
7	最后的组装和测试	半小时
8	试运行	半小时

续表

项目	项目内容	所需时间
9	调试及正确运行	半小时
10	初始化运行	1 小时
11	编写实验报告	4 小时

（5）结论

①锻炼学生积极动手的能力和团队合作精神。

②使学生更好地掌握 PLC 程序的编写工作。

③使学生更进一步地熟悉机电一体化控制过程和加工过程。

2）TESTING（检测站）

（1）实验目的

①了解阀岛结构，了解磁耦合式无杆气缸工作原理。

②熟悉本站传感器工作原理熟悉工作站机械结构。

③学会运用 SIEMENS TIA Portal 的 STEP7 软件实验内容。

（2）实验内容

①熟悉工作站工作要求。

②机械组装。

③根据所给气动图搭建气动回路图。

④根据所给电气图搭建电气回路图。

⑤传感器技术。

⑥模拟量技术的应用。

⑦通信技术。

⑧控制面板技术。

⑨工作流程图的绘制。

⑩SIEMENS 300 PLC 编程。

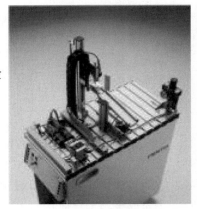

图 5-3-2　检测站

（3）重点

①模拟量控制完成气动和电气回路。

②完成工作站流程图完成单站工作流程的 PLC 程序。

（4）难点

①模拟量的调节。

②相关 PLC 程序编写解决系统故障。

表 5-3-3　时间安排及操作步骤

项目	项目内容	所需时间
1	根据图纸组装机械元件	2 小时
2	定义控制要求（急停、操作方式）	1 小时

续表

项目	项目内容	所需时间
3	规划控制动作要求	1 小时 30 分钟
4	选件、安装、走气管和布线要与工作手册一致	2 小时
5	PLC 板的安装和布线要与工作手册一致	2 小时
6	编写 PLC 程序	10 小时
7	最后的组装和测试	半小时
8	试运行	半小时
9	调试及正确运行	半小时
10	初始化运行	1 小时
11	编写实验报告	4 小时

（5）结论

①锻炼学生积极动手的能力和团队合作精神。

②使学生更好地掌握 PLC 程序的编写工作。

③使学生更进一步地熟悉机电一体化控制过程和加工过程。

3）PROCESSING（加工站）

（1）实验目的

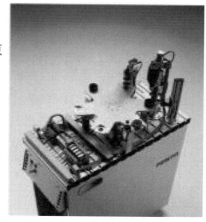

①了解继电器工作原理，了解齿轮齿条电机工作原理，熟悉程序控制分度盘电机，熟悉工作站机械结构。

②学会运用 SIEMENS TIA Portal 的 STEP7 软件。

（2）实验内容

①熟悉工作站工作要求。

②机械组装。

③根据所给电气图搭建电气回路图。

④传感器技术。

⑤电机过载保护电路。

⑥通信技术。

⑦控制面板技术。

⑧工作流程图的绘制。

⑨SIEMENS 300 PLC 编程。

图 5-3-3　加工站

（3）重点

①继电器控制回路能够独立完成电气回路、完成工作站流程图。

②完成单站工作流程的 PLC 程序。

（4）难点

①电机过载保护电路电气系统的调节。

②相关 PLC 程序编写解决系统故障。

表 5-3-4　时间安排及操作步骤

项目	项目内容	所需时间
1	根据图纸组装机械元件	2 小时
2	定义控制要求(急停、操作方式)	1 小时
3	规划控制动作要求	1 小时 30 分钟
4	选件、安装、走气管和布线要与工作手册一致	2 小时
5	PLC 板的安装和布线要与工作手册一致	2 小时
6	编写 PLC 程序	10 小时
7	最后的组装和测试	半小时
8	试运行	半小时
9	调试及正确运行	半小时
10	初始化运行	1 小时
11	编写实验报告	4 小时

(5)结论

①锻炼学生积极动手的能力和团队合作精神。

②使学生更好地掌握 PLC 程序的编写工作。

③使学生更进一步地熟悉机电一体化控制过程和加工过程。

4)HANDLING(提取站)

(1)实验目的

①了解无杆缸的工作原理,了解气抓手工作原理。

②熟悉运用光电传感器进行分料的工作原理,熟悉工作站机械结构。

③学会运用 SIEMENS TIA Portal 的 STEP7 软件。

(2)实验内容

①熟悉工作站工作要求。

②机械组装。

③根据所给电气图搭建电气回路图。

④根据所给气路图搭建气动回路图。

⑤传感器技术。

⑥气抓手抓取技术。

⑦通信技术。

⑧控制面板技术。

⑨工作流程图的绘制。

⑩SIEMENS 300 PLC 编程。

(3)重点

①无杆缸气动控制回路(定位)能够独立完成气动和电气回路完成工作站流程图。

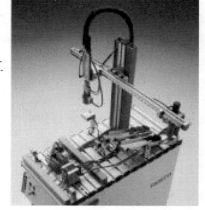

图 5-3-4　提取站

②完成单站工作流程的 PLC 程序。

（4）难点

①光电传感器灵敏度调节电磁式行程开关的调节。

②相关 PLC 程序编写解决系统故障。

表 5-3-5　时间安排及操作步骤

项目	项目内容	所需时间
1	根据图纸组装机械元件	2 小时
2	定义控制要求（急停、操作方式）	1 小时
3	规划控制动作要求	1 小时 30 分钟
4	选件、安装、走气管和布线要与工作手册一致	2 小时
5	PLC 板的安装和布线要与工作手册一致	2 小时
6	编写 PLC 程序	10 小时
7	最后的组装和测试	半小时
8	试运行	半小时
9	调试及正确运行	半小时
10	初始化运行	1 小时
11	编写实验报告	4 小时

（5）结论

①锻炼学生积极动手的能力和团队合作精神。

②使学生更好地掌握 PLC 程序的编写工作。

③使学生更进一步地熟悉机电一体化控制过程和加工过程。

图 5-3-5　分料站

5）SORTING（分料站）

（1）实验目的

①了解摆动分离气缸工作原理，了解直流电机控制传送带技术。

②熟悉运用光电传感器和电感传感器进行分料的工作原理，熟悉工作站机械结构。

③学会运用 SIEMENS TIA Portal 的 STEP7 软件。

（2）实验内容

①熟悉工作站工作要求。

②机械组装。

③根据所给电气图搭建电气回路图。

④根据所给气路图搭建气动回路图。

⑤传感器技术。

⑥摆动分离气缸技术。

93

⑦通信技术。

⑧控制面板技术。

⑨工作流程图的绘制。

⑩SIEMENS 300 PLC 编程。

（3）重点

能够独立完成气动和电气回路完成工作站流程图,完成单站工作流程的 PLC 程序。

（4）难点

①光电传感器灵敏度调节光电传感器和电感传感器进行分料的工作原理。

②相关 PLC 程序编写解决系统故障。

表 5-3-6　时间安排及操作步骤

项目	项目内容	所需时间
1	根据图纸组装机械元件	2 小时
2	定义控制要求(急停、操作方式)	1 小时
3	规划控制动作要求	1 小时 30 分钟
4	选件、安装、走气管和布线要与工作手册一致	2 小时
5	PLC 板的安装和布线要与工作手册一致	2 小时
6	编写 PLC 程序	10 小时
7	最后的组装和测试	半小时
8	试运行	半小时
9	调试及正确运行	半小时
10	初始化运行	1 小时
11	编写实验报告	4 小时

（5）结论

①锻炼学生积极动手的能力和团队合作精神。

②使学生更好地掌握 PLC 程序的编写工作。

③更进一步地熟悉了机电一体化控制过程和加工过程。

5.3.5　SIEMENS 300 系列 PLC 控制技术

1）SIEMENS 300 系列 PLC 硬件

（1）实验目的

①了解硬件结构。

②能够组建 SIEMENS 300 系列 PLC 系统,了解 SIEMENS 300 系列 PLC 的工作模块,了解 SIEMENS 300 系列 PLC 的工作环境。

（2）实验内容

①SIEMENS S7-300 系列 PLC 硬件结构。

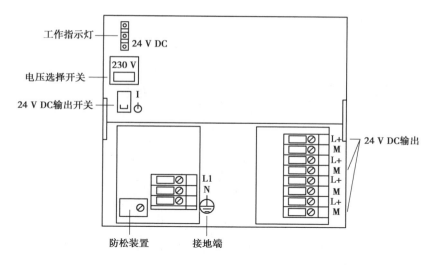

图 5-3-6 电源模块

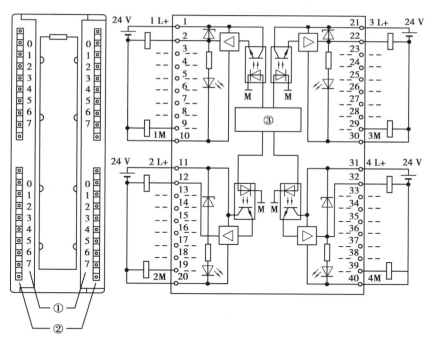

①通道号
②状态显示–绿色
③背板总线接口

图 5-3-7 数字量模板

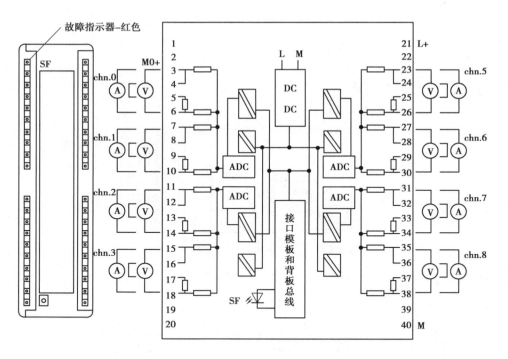

图 5-3-8　模拟量模板

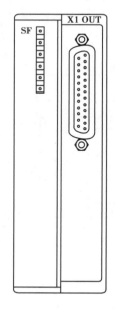

图 5-3-9　通信模板

②SIEMENS 300 系列 PLC 接线技术

（3）重点

了解 SIEMENS 300 系列 PLC 硬件结构,熟悉各个模块工作特性,熟悉各模块接线电路图。

（4）难点

各个模块之间的应用关系根据各个模块接线图进行实际线路连接。

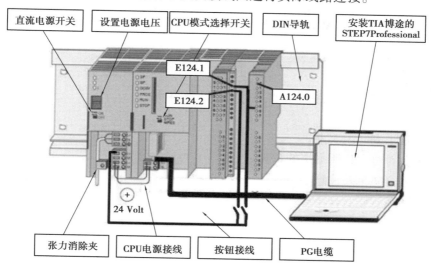

图 5-3-10　PLC 整体结构

2）SIEMENS TIA Portal 的 STEP7 编程软件

（1）实验目的

①学会安装 SIEMENS TIA Portal 的 STEP7 编程软件并进行授权。

②设计程序基础结构。

③程序的启动和操作。

④学会运用 SIEMENS TIA Portal 的 STEP7 软件。

（2）实验内容

①建立项目。

②硬件组态及参数设定。

③下载上传 PLC 硬件组态及程序。

④组态硬件网络。

⑤编写程序。

⑥编辑、调试程序。

⑦离线方式，不与可编程控制器相联。

⑧在线方式，与可编程控制器相联。

⑨SIEMENS 300 PLC 编程语言。

⑩SIEMENS 300 PLC 的编程方式。

（3）重点

①TIA Portal 的 STEP7 软件的安装和授权。

②PLC 硬件组态。

③建立新的工作项目。

④OB 块、FB 块、FC 块的功能和相互关系。

⑤程序编写。

（4）难点

组态硬件网络进行程序编写、进行系统故障诊断。

5.3.6 机械手及 COSIMIR 系列软件

1）机械手的安装

（1）实验目的

了解机械手的安装步骤，熟悉机械手的安装注意事项。

（2）实验内容

①查看机械手安装说明书。

②熟悉相关符号在说明书中的意义。

③机械手安全防范及注意事项。

④机械手运输程序。

（3）重点

①学习机械手安全防范注意事项。

②深入领会机械手的运输程序。

③熟练掌握机械手的连接。

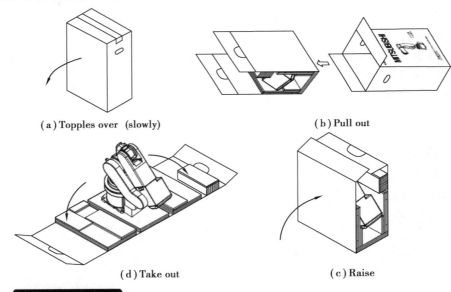

（a）Topples over（slowly）

（b）Pull out

（d）Take out

（c）Raise

⚠CAUTION

Always unpack the robot at a flat place. The robot could tilt over if unpacked at an unstable place.

Notes）The packing material is required at re-transportation. Please keep it with care.

图 5-3-11　机械手安装程序

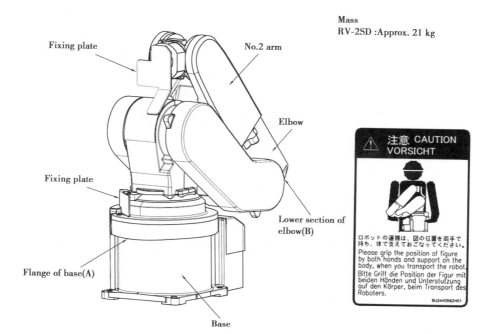

图 5-3-12　机械手初始化

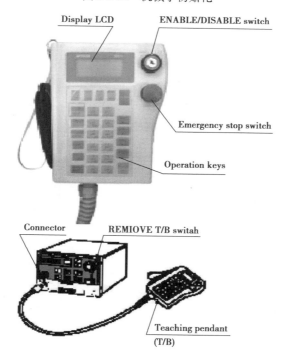

图 5-3-13　机械手与控制器的连接

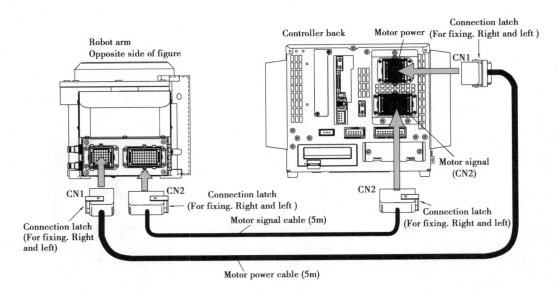

图 5-3-14　机械手与控制器的连接

2）机械手的操作

（1）实验目的

①学会使用操作手控盒（Teach Box）。

②了解机械手自由度工作方式了解机械手安装附件。

（2）实验内容

①机械手附件的安装。

②气抓手。

③电磁阀。

④气管。

⑤I/O 接口。

⑥运用各种控制方式调整机械手。

⑦JOINT jog operation。

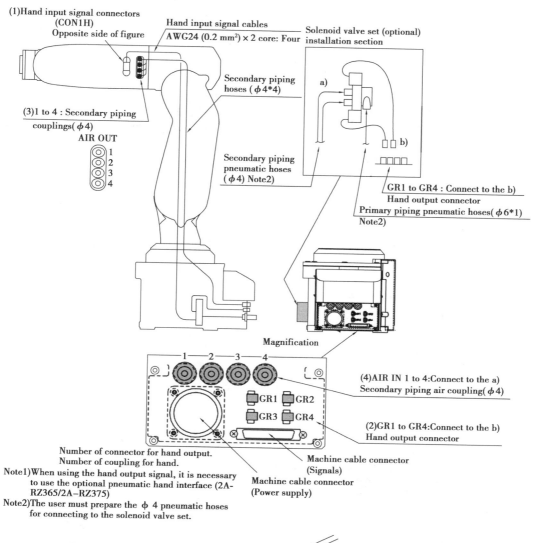

(1)Hand input signal connectors
(CON1H)
Opposite side of figure

Hand input signal cables
AWG24 (0.2 mm²) × 2 core: Four

Solenoid valve set (optional)
installation section

Secondary piping
hoses (φ4*4)

a)

b)

(3)1 to 4 : Secondary piping
couplings(φ4)

AIR OUT
1
2
3
4

Secondary piping
pneumatic hoses
(φ4) Note2)

GR1 to GR4 : Connect to the b)
Hand output connector
Primary piping pneumatic hoses(φ6*1)
Note2)

Magnification

1　2　3　4

GR1　GR2
GR3　GR4

(4)AIR IN 1 to 4:Connect to the a)
Secondary piping air coupling(φ4)

(2)GR1 to GR4:Connect to the b)
Hand output connector

Number of connector for hand output.
Number of coupling for hand.
Note1)When using the hand output signal, it is necessary
to use the optional pneumatic hand interface (2A-
RZ365/2A–RZ375)
Note2)The user must prepare the φ 4 pneumatic hoses
for connecting to the solenoid valve set.

Machine cable connector
(Signals)

Machine cable connector
(Power supply)

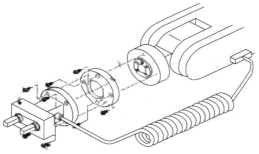

图 5-3-15　机械手附件安装

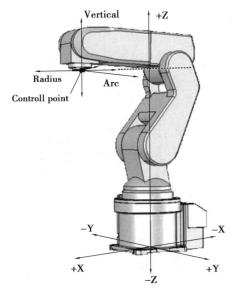

图 5-3-16　XYZ jog operation

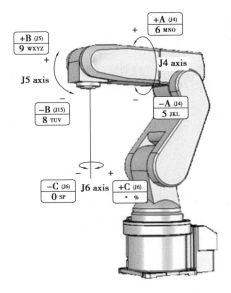

图 5-3-17　TOOL jog operation

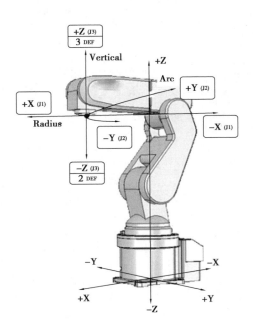

图 5-3-18　3-axis XYZ jog operation

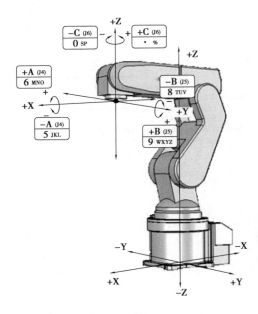

图 5-3-19　CYLNDER jog operation

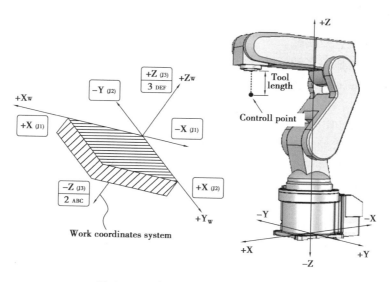

图 5-3-20　各自由度动作的操作方法

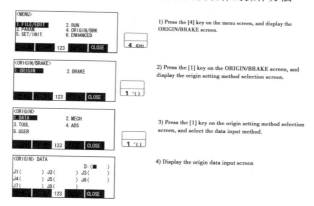

图 5-3-21　控制器的使用

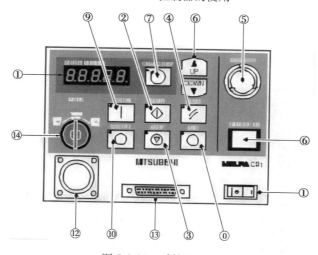

图 5-3-22　手控盒界面

（3）重点

①控制器操作规程及实践。

②手控盒控制机械手多轴运动。

3）COSIMIR Education **教学版**

（1）实验目的

①机械手的基础知识。

②了解机械手技术的交互式学习程序。

③运用专业 3 维软件编程或使用大量预先设计的机械手单元。

④熟悉进行机械手的编程和模拟。

（2）实验内容

①针对内容丰富的资料库进行模拟练习。

②熟悉三菱机械手单元 RV-M1 和 RV-2AJ 在软件中的应用。

③建立新的项目和工作任务。

④学习机械手编程语言 Melfa Basic Ⅳ。

⑤对外部 I/O 进行监控。

⑥3D 建模结束后进行录像功能。

（3）重点

①机械手只是相关术语。

②学习机械手编程语言 Melfa Basic Ⅳ。

③运用 COSIMIR Education 进行模拟训练。

4）COSIMIR Industry **工业版**

（1）实验目的

了解机械手技术的交互式学习程序,进行机械手编程训练,了解控制器与工控机的关系。

（2）实验内容

①将 COSIMIR Education 中的程序移植到 COSIMIR Industry。

②熟悉三菱机械手单元 RV-M1 和 RV-2AJ 在软件中的应用。

③熟练掌握机械手编程语言 Melfa Basic Ⅳ。

④上传下载机械手程序。

⑤设置机械手控制器。

图 5-3-23　机械手控制器

（3）重点

①掌握机械手编程语言 Melfa Basic Ⅳ。

②上传下载程序。

5）机械手故障检测

（1）实验目的

①了解机械手故障，学会用机械手故障维修程序排除故障。

②制定机械手故障维修手册。

（2）实验内容

①熟悉故障原因。

②熟悉机械手各自由度的结构。

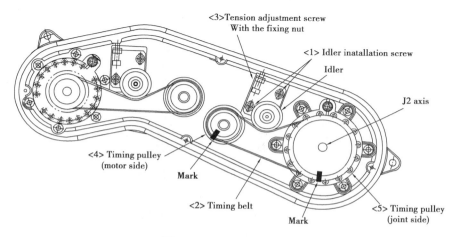

图 5-3-24　J2 关节结构图

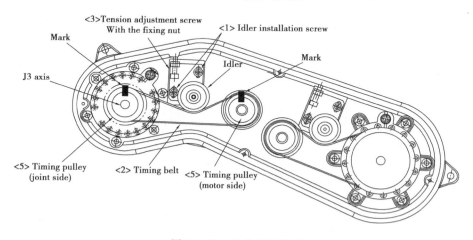

图 5-3-25　J3 关节结构图

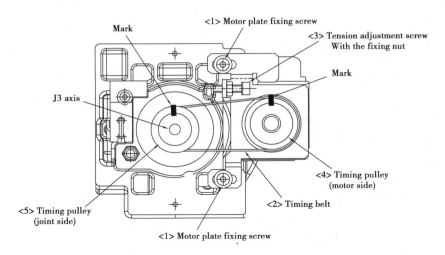

图 5-3-26　J4 关节结构图

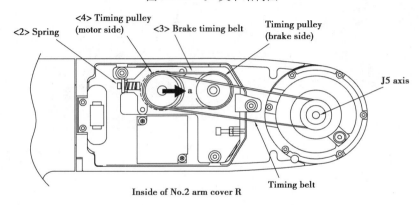

图 5-3-27　J5 关节结构图

③进行机械手和控制器电池的更换。

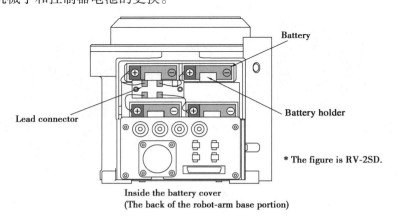

图 5-3-28　机械手电池更换示意图

④机械手复位操作。

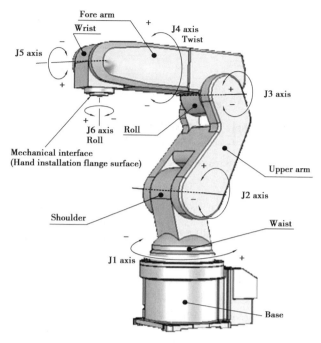

图 5-3-29　机械手复位

（3）重点
①掌握机械手编程语言 Melfa Basic Ⅳ。
②上传下载程序。

表 5-3-7

Siemens S7-300	
供料站	供料工作单元的主要作用是为加工过程逐一提供加工工件。在管状料仓中最多可以存放 8 个工件。供料过程中,双作用气缸从料仓中逐一推出工件,接着,转换模块上的真空吸盘将工件吸起,转换模块的转臂在旋转缸的驱动下将工件移动至下一个工作站的传输位置。
学习内容	用语句表,功能图,梯形图进行 PLC 编程。 程序−结构 初始位置, 步进链−编程, 时间 电气,阀类型 ,气缸,传感器
控制类型	313 C—2DP
必要设备	模块化生产加工系统供料站
	S7—300　PLC
	标准控制面板
	24 V 稳压电源

第**6**章
智能农机装备共性关键技术

智能农机是多学科融合的产物,以机械技术为主体,同时结合计算机技术、网络技术、通信技术、传感器技术、监测技术等众多先进科技,实现农机智能化的关键技术有智能感知技术、工作状态检测技术、智能控制技术、智能决策技术等。本章基于对现有智能农机文献资料的总结,结合专业领域科研创新成就案例、新农艺与新装备等,挖掘思政元素,增强学生民族自豪感、责任感和家国情怀,培养科研创新能力和一丝不苟的工匠精神,学农爱农,增加专业自信,坚定服务"三农"的理想信念,服务国家粮食安全。

6.1 智能感知技术

针对作业空间信息感知,可通过其他非机载装备或机载装备在非作业时预先获取作业地形或空间的三维信息。其中,最精确和最直接的方法是使用描述地形的原始地形文件,如数字栅格地图(Digital Raster Graphic,DRG)、数字地形模型(Digital Terrain Models,DTM)、数字高程模型(Digital Elevation Mmodel,DEM)等数据生成三维作业地形或空间信息,或利用RTD-GPS、倾斜摄影激光雷达等方式预先构建好作业地形或空间的三维信息。这种感知方式叫做离线感知。还有一种方式为在线感知,是指在农机作业的同时,利用机载装置快速感知作业环境的三维空间信息,如通过集成GPS与激光雷达等装置来对农田地形信息进行实时采集,或通过集成单目即时定位与地图构建(SLAM)三维重建、双目立体三维重建技术,完成对作业空间信息的感知。

针对作业目标信息感知,主要通过搭载视觉传感器,利用计算机视觉和机器学习技术,完成对苗株、杂草、果穗、田垄、埂界等农机作业所需的感兴趣目标的感知。

针对农田土壤信息感知,常采用机载的综合土壤传感器等装置,实时扫描和分析土壤表层与深层土质结构,感知不同地块的压实度、酸碱度、含水率以及有机质含量等信息。

针对环境气象信息感知,利用温度、湿度、光照、风速等传感器实现作业区域小气候检测,以及利用地面气象站数据接收农业气象数据。

针对作物生长信息感知,利用作物的光谱反射特征可以间接测量作物叶绿素和氮素含量的原理,在智能农机中配备机载光谱成像传感器来在线检测作物叶绿素含量以及氮素含量。

搭载超声波技术还能估测植株高度等信息。

针对作物病虫害感知,常用技术主要包括光谱分析方法和计算机视觉分析方法。荧光光谱、近红外光谱、高光谱成像等数据,通过提取特定的光谱特征并借助机器学习模型来实现病虫害的在线感知。随着深度学习技术的兴起,通过训练卷积神经网络模型,使用计算机视觉技术实现对多种病虫害位置、类别、程度等信息的精准识别成为研究的热点。作物病虫害精准识别技术是智能农机实现精准变量靶向施肥和喷药的关键。

针对作业环境中障碍物感知,电线杆、树木以及道路等静态障碍物,利用前述作业空间信息感知方法即可感知。而针对行人、动物以及其他作业机械等动态障碍物,除了结合已感知的作业空间信息外,还需要借助超声波雷达、激光雷达、红外传感、视觉传感器以及多传感融合等方式,对动态障碍物目标进行实时检测与跟踪,以确保智能农机在作业时的安全。

6.1.1　案例 1:基于工业相机的玉米行间导航线实时提取

本案例通过工业相机能够实时采集玉米种植行数据并处理提取导航线。

本案例针对农业信息采集最常见的相机模块,提出了基于车轮正前方可行走动态感兴趣区域(Region of Interest,ROI)的玉米行间导航线实时提取算法。首先将获取的玉米苗带图像进行像素归一化,采用过绿算法和最大类间方差法分割玉米与背景,并通过形态学处理对图像进行增强和去噪;然后对视频第 1 帧图像应用垂直投影法确定静态 ROI 区域,并在静态 ROI 区域内利用特征点聚类算法拟合作物行识别线,基于已识别的玉米行识别线更新和优化动态 ROI 区域,实现动态 ROI 区域的动态迁移;最后在动态 ROI 区域内采用最小二乘法获取高地隙植保机底盘玉米行间导航线。

1)导航线实时提取与路径跟踪流程

基于机器视觉的高地隙植保机玉米行间导航线提取流程如图 6-1-1 所示,首先通过安装在车轮正前方的相机获取车轮正前方玉米苗带图像信息,然后对采集到的图像进行预处理,确定导航 ROI,并在导航 ROI 内采用最小二乘法拟合导航线,最后根据路径跟踪控制算法实现高地隙植保机玉米行间行走。

2)图像预处理与苗带分割

为了减少光照强度对图像识别的影响,将颜色分量 R、G、B 值进行归一化,采用归一化后的颜色分量代替原有颜色分量,克服不同光照强度对苗带特征提取的影响,计算方法为

$$
\begin{cases}
r = \dfrac{R}{R+G+B} \\[2mm]
g = \dfrac{G}{R+G+B} \\[2mm]
b = \dfrac{B}{R+G+B}
\end{cases}
\tag{1}
$$

式中,r、g 和 b 分别为颜色分量 R、G 和 B 的归一化值。分别在弱光和强光条件下俯拍玉米田间图像,选取 2 种光照条件下各 40 帧视频图像,每幅图像提取 2 个玉米和土壤测试点,进行颜色分量 R、G、B 值统计分析。如图 6-1-2(a)和(b)所示,颜色分量变化规律的不确定直接影响玉米与土壤背景的准确分割。通过对颜色分量归一化处理,确保不同光照条件下颜色分量变化规律相同,结果如图 6-1-2(c)和(d)所示。采用超绿特征算子对玉米苗带图像进行

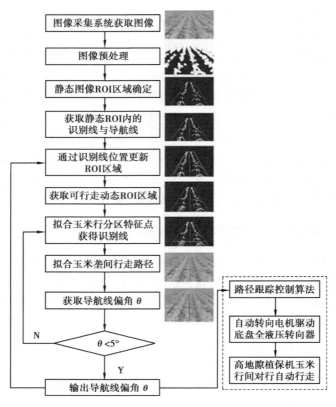

图 6-1-1 导航线提取流程

灰度化处理,超绿特征算子计算方法为

$$Eg(x,y)=2g-r-b \tag{2}$$

不同时期玉米二值化分割效果如图 6-1-2 所示。

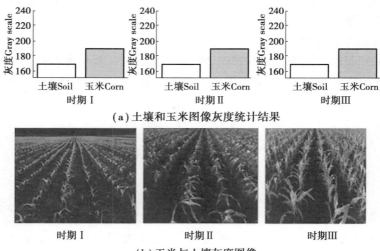

（a）土壤和玉米图像灰度统计结果

（b）玉米与土壤灰度图像

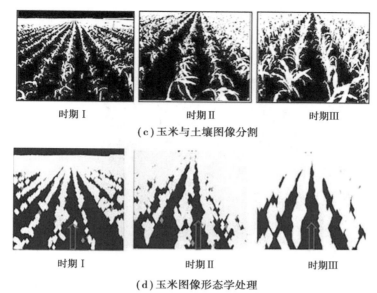

（c）玉米与土壤图像分割

（d）玉米图像形态学处理

图 6-1-2　不同时期玉米与土壤背景分割结果

3）车轮可行走动态 ROI 确定

玉米种植采用条播法,行与行之间保持相同的距离,垂直投影法能够较好的应用于条播作物导航线提取。针对垂直投影法应对复杂环境适应性差,容易出现苗带中心线拟合角度偏移大且耗时较长的问题,本案例将垂直投影法用于初始帧图像处理,确定静态 ROI,然后在静态 ROI 的基础上确定导航动态 ROI。

①图像带划分。由于相机俯拍角度的影响,玉米苗带在图像中并不是相互平行的,无法直接对图像使用垂直投影,因此需要将图像划分成若干图像条。在采集图像 $W \times H$ 像素范围内按照 Δh 像素高度划分图像带,图像带垂直投影结果如图 6-1-3 所示。

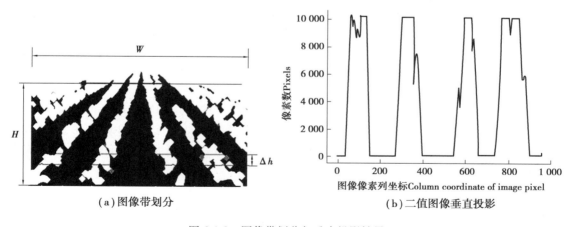

（a）图像带划分

（b）二值图像垂直投影

图 6-1-3　图像带划分与垂直投影结果

②静态 ROI 内玉米苗带特征点聚类。如图 6-1-4 所示,在图像带中定义圆心坐标 $P(x, y)$,直径 Δh 的圆 C_R,在图像带中从 ROI 左侧边界向 ROI 中心线移动圆 C_R,统计圆 C_R 中的像素不为 0 的像素点数。当圆 C_R 中包含像素点数最多时,记录此时圆心像素坐标,从 ROI 中心

线向 ROI 右侧边界执行相同操作。在已划分的图像带中执行此操作,最终获得特征点集 l、r。使用最小二乘法拟合特征点集 l、r,得到左右两侧玉米苗带识别线和导航线。

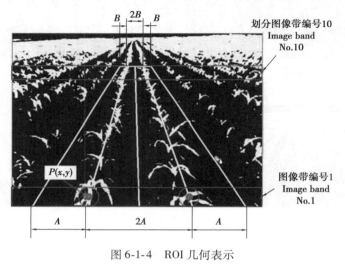

图 6-1-4　ROI 几何表示

6.1.2　案例 2:基于激光雷达的甘蔗垄间导航线提取

　　本案例针对可以采集农作物三维信息的雷达模块,以甘蔗为研究对象,提出一种基于固态激光雷达的作物行垄间导航线实时提取方法。首先通过三维激光雷达(Light Detection And Ranging,Li DAR)实时获取高地隙底盘正前方甘蔗行点云,利用点云变换、直通滤波和半径滤波对点云进行预处理,获取作物行点云数据;然后提出基于感兴趣区域(Region Of Interest,ROI)的导航线实时提取算法,对预处理后的首帧点云进行处理,标定 ROI;最后在 ROI 中进行作物行识别和导航线提取。田间试验表明,该算法有很好的鲁棒性,能够适应甘蔗垄间低遮挡与高遮挡环境,且在断垄的情况下依然可以提取导航线,高地隙底盘速度为 0.5 和 1.0 m/s 的工况下,该算法与人工提取的导航线平均误差不超过 1.213°,导航线提取总体准确率不低于93.2%,处理一帧 10 m×5 m 的点云平均耗时不超过 22.5 ms。该算法能够为田间管理机械垄间对行行走提供可靠、实时的导航路径。

　　1)点云数据采集

　　本案例选用大疆公司生产的 Livox Horizon 三维激光雷达,内置 IMU(Inertial Measurement Unit),水平方向视场角为 81.7°,竖直方向视场角为 25.1°,最大探测距离 260 m,积分时间可设置 100、200、500、1 000 ms,最大点云输出为 240 000 点/s,采用以太网进行通信。采集的甘蔗点云数据如图 6-1-5 所示。

　　2)点云预处理

　　由于雷达倾斜安装,地面与雷达坐标系并不平行,影响导航线的提取。本案例利用点云变换将雷达坐标系平行于地面,如图 6-1-6 所示。

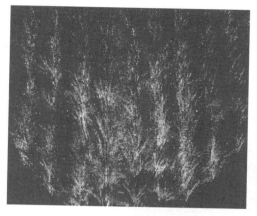

图 6-1-5　甘蔗行数据采集

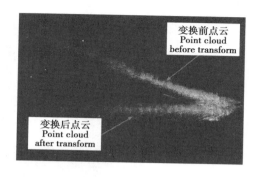

图 6-1-6　点云变换

变换公式如下：

$$
\begin{bmatrix} x \\ y \\ z \end{bmatrix} = \begin{bmatrix} \cos\theta_0 & 0 & \sin\theta_0 \\ 0 & 1 & 0 \\ -\sin\theta_0 & 0 & \cos\theta_0 \end{bmatrix} = \begin{bmatrix} x_1 \\ y_1 \\ z_1 \end{bmatrix}
$$

式中，θ_0 为雷达安装倾斜角度，(°)；x_1、y_1、z_1 为点云变换前点云坐标，m；x、y、z 为点云变换后点云坐标，m。

3）基于 ROI 的作物行识别和导航线提取

甘蔗种植采用条播法，垂直投影法能够较好地应用于条播作物识别线的提取，但是垂直投影法对复杂环境适应性差，容易出现甘蔗行导航线拟合角度过大且耗时较长的问题，本案例将垂直投影法用于初始帧点云处理，确定 ROI，之后基于 ROI 进行作物行识别和导航线提取。将点云划分为若干个点云带，在不同点云带中使用垂直投影法。在点云 $W \times H$ 范围内中按照 $\Delta w \times \Delta h$ 划分点云带，确定 ROI，需先确定甘蔗行中心点，利用垂直投影法确定甘蔗行中心点，步骤如下：

（1）从下至上依次对划分的点云带进行编号 1、2、3…、N，其中 N 为水平点云带总数，从左至右依次划分点云带进行编号 1、2、3…、M，其中 M 为垂直点云带总数，根据选取的点云范围（N、M 分别为 20、500），得到 $W \times \Delta h$ 个不同方格中点云数量 $Z(j)$，其中 j 为 Δh 范围内从左至右方格编号，如图 6-1-7 所示。

利用公式计算 Δw、Δh 的大小：

$$
\begin{cases} \Delta w = \dfrac{W}{H} \\ \Delta h = \dfrac{H}{N} \end{cases}
$$

（2）确定波峰方格编号集 P。设置阈值 T，由步骤（1）得到的不同方格中点云数量 $Z(j)$，若 $T \leq Z(j)$，则视为编号 j 的方格为有效方格，存入到方格编号集 P；若 $T > Z(j)$，则视编号 j 的方格为无效方格，结果得到 4 个波峰附近方格的编号集，从左至右分别为 $P(1)$、$P(2)$、$P(3)$、$P(4)$。根据公式计算阈值 T：

$$\begin{cases} S = \dfrac{\sum\limits_{j=1}^{M} Z(j)}{M} \\[4mm] E = \sqrt{\dfrac{1}{M}\left(\sum\limits_{j=1}^{M}\left(S - Z(j)\right)^2\right)} \\[4mm] T = 2E + S \end{cases}$$

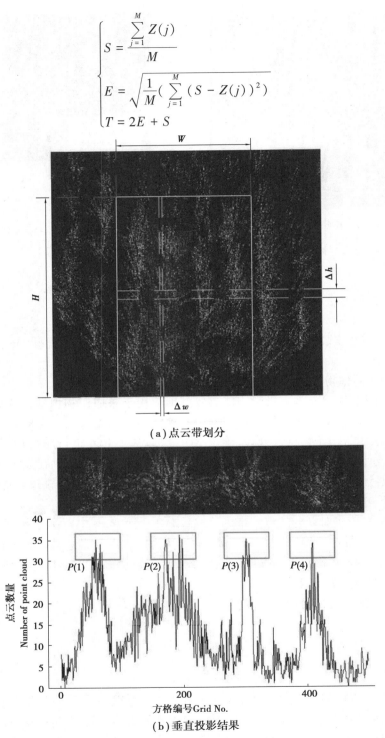

（a）点云带划分

（b）垂直投影结果

图 6-1-7　点云带划分与垂直投影结果

4）作物行识别和导航线提取

在水平点云带中定义一个大小为 $5A \times \Delta h$ 的长方形 C1，在水平点云带中从 ROI 左侧边界向 ROI 中心线移动长方形 C1,统计长方形 C1 中的点云数量。当长方形 C1 包含点云数量最多时,利用 K-Means 算法求取此时长方形 C1 内所有点云的质心;在 ROI 中心线于 ROI 右侧边界的区域中定义一个大小为 5 B×Δh 的长方形 C2,并执行相同的操作,得到 ROI 中心线右侧甘蔗行中心点。对所有已划分的水平点云带执行此操作,最终得到 ROI 中心线左右两侧甘蔗行中心点集 l、r,如图 6-1-8 所示。

利用最小二乘法拟合甘蔗行中心点集 l、r,得到左右两侧甘蔗行识别线,其斜率分别记为 k_{left},k_{right},并基于识别结果确定导航线,如图 6-1-9 所示,根据公式计算导航线斜率 k:

$$\frac{|k-k_{\text{left}}|}{|1+kk_{\text{left}}|}=\frac{|k-k_{\text{right}}|}{|1+kk_{\text{right}}|}$$

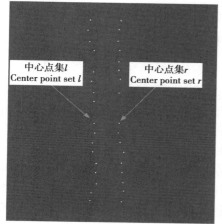

图 6-1-8　中心点集

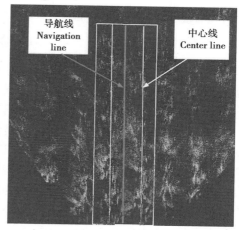

图 6-1-9　甘蔗行中心线和导航线

6.2　工作状态检测技术

农机的工作状态感知主要是对农机自身动力、传动、移动以及作业等机构运转状态的监测,保障农机的正常作业。感知的参数主要包括农机装备共性参数,以及不同类型农机作业参数(如耕整机械作业参数、施肥播种机械作业参数、植保机械作业参数、收获机械作业参数、农用无人机飞行参数、采集机器人关节参数等),对这些参数进行感知,可以优化农机的工作状态和作业效果。

农机装备共性参数主要包括动力输出信息、发动机信息、姿态信息、燃油信息、扭矩信息以及车轮滑转率信息等。其中,发动机信息、动力输出信息等可通过 CAN 总线按照 ISO11783 协议读出,姿态信息可采用惯性测量单元(IMU)获得,实时扭矩信息和车轮滑转率信息则一般采用相关传感器参数进行估测。

耕整机械作业参数主要通过姿态传感器、测距传感器等多传感器融合的方式,实现对耕整机具姿态、耕整作业阻力、耕整作业深度等参数的感知,通过获取的参数来实现精准化的深松作业。

施肥播种机械作业参数主要利用激光发生器、光学传感器、电容传感器、电波测量技术等实现对种肥流速、流量以及播施深度的感知。

植保机械作业参数通常采用多传感器融合以及 CAN 总线技术,实现对喷雾压力、流量、作业状态、药液体积以及喷杆作业姿态等参数的感知,以实现植保作业的变量精准喷施。

收获机械作业参数常通过谷物流量模型、谷物吞吐量传感器、多光谱传感器、声学撞击信号以及计算机视觉技术等,对果穗等作物收获产品的含水率、产量、损失率以及含杂率等参数进行感知。

农用无人机飞行参数利用惯性测量单元、磁场传感器、GPS 以及避障雷达等装置,获取无人机对地高度、飞行姿态参数、姿态校准参数、电源电压/燃油信息、定位信息、速度信息以及避障雷达参数等。

采摘机器人关节参数利用运动学模型及 CAN 总线技术获取各关节运动状态信息等。

6.2.1　案例 1:基于超声波传感器的深松耕深检测装置

为提高实时检测耕深的准确性,设计了基于超声波传感器和红外传感器以及卡尔曼滤波融合算法的耕深检测装置,采用超声波传感器通过渡越时间法测量耕深,采用红外传感器通过三角测距法测量耕深,通过卡尔曼滤波融合算法滤除两传感器检测数据中的杂波,并进行融合。室内试验表明,在平整地面,红外传感器检测效果优于超声波传感器。

在秸秆覆盖地面,超声波传感器检测效果优于红外传感器。经卡尔曼滤波融合后的数据能充分利用两传感器在不同环境中检测的有效数据。在设定耕深为 30 cm 和 40 cm 的田间试验中,超声波传感器滤波数据的平均值分别为 29.51 cm 和 38.79 cm,深松深度变异系数分别为 2.51% 和 3.10%;红外传感器滤波数据的平均耕深分别为 32.06 cm 和 41.52 cm,深松深度变异系数分别为 2.41% 和 2.76%;而经卡尔曼滤波融合后的数据平均耕深分别为 30.06 cm 和 39.95 cm,深松深度变异系数分别为 1.07% 和 1.00%,说明采用滤波融合后的检测数据比单个传感器更能准确检测耕深和反映耕深变化趋势。

传感器是检测装置的关键部件,本耕深检测装置选取 AJ−SR04M 型超声波传感器和 GP2Y0A21YK0F 型红外传感器,两传感器的指标参数如表 6-2-1 所示。工作时两传感器固定于机架下方,通过测量机架至地面的距离获取耕深数据。

表 6-2-1　传感器指标参数

参数	超声波传感器	红外传感器
工作电压/V	3.0 ~ 3.5	4.5 ~ 5.5
工作电流/mA	40	30
量程/m	0.2 ~ 8.0	0.1 ~ 0.8
分辨率/mm	1	1
工作温度/℃	−20 ~ 75	−10 ~ 60

超声波传感器采用渡越时间法测量耕深,图 6-2-1 为超声波传感器测量耕深的原理图。在深松作业前可通过标定提前测量超声波传感器发射端面至铲尖的距离 h_1,深松作业时超声波传感器向地面发射超声波并接收由地面反射的回波,通过记录每次发射超声波到接收回波的时间间隔 Δt,便可计算出超声波传感器发射端面至地面的距离 h_2,即

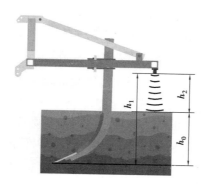

图 6-2-1　超声波传感器耕深测量原理图

$$h_2 = \frac{1}{2} v_u \Delta t$$

由此可知耕深 h_0 为

$$h_0 = h_1 - \frac{1}{2} v_u \Delta t$$

红外传感器通过直射式三角测距法测量耕深，其测量原理图如图 6-2-2 所示。

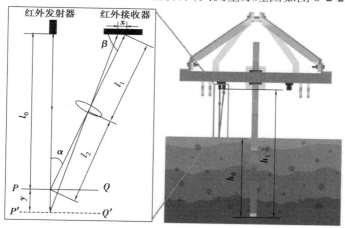

图 6-2-2　红外传感器耕深测量原理图

根据 Scheimpflug 定律可知，当 PQ 为红外传感器的参考平面，此时红外发射器至参考平面的距离 l_0、像距 l_1、物距 l_2、反射光线与入射光线的夹角 α 以及反射光线与红外接收器的夹角 β 均为已知。在利用红外传感器测量耕深时，当测量到被测平面 $P'Q'$ 与参考平面 PQ 的距离 y 时，可知红外传感器与被测平面的距离为 $y+l_0$，当被测平面与参考平面不重合时，反射光线在红外接收器所呈的像会产生位移 x，该位移 x 可由红外传感器直接测量得到，根据几何关系可知

$$y = \frac{x l_2 \sin \beta}{l_1 \sin \alpha - x \sin(\alpha + \beta)}$$

因此红外传感器测量耕深 h_0 为

$$h_0 = h_1 - \left(l_0 + \frac{x l_2 \sin \beta}{l_1 \sin \alpha - x \sin(\alpha + \beta)} \right)$$

6.2.2 案例2：基于称重法的联合收获机测产方法

针对精准农业田间信息获取技术的研究,本案例提出了一种基于称重法的联合收获机收获粮食产量分布信息测量方法。该方法利用传统联合收获机的粮食传输特点,采用了螺旋推进称质量式技术实现了联合收获机产量流量测量,解决了计量装置、动力直接传输和有效信号提取等问题。利用短时小波滤波等方法处理实时流量数据,结合全球定位系统(GPS)定位信息实现了联合收获机粮食流量动态计量以及田间粮食产量分布信息的获取。试验结果表明,台架试验误差小于2%。该方法可以完成粮食产量分布信息的获取工作。

1)单点支撑流量传感器结构设计

在基于三点支撑传感器称重法的联合收获机产量测量方法基础上,为提高联合收获机粮食流量监视的实用性、简化安装、降低成本,采用了单端点称重法的粮食流量传感方法组成联合收获机产量流量传感计量方法。同时,将螺杆动力传输机构由原来的电机驱动模式改为直接联动模式。采用双铰支点和单点悬挂称质量传感器计量搅龙筒的质量,而动力轴直接驱动螺杆的测量结构。提出动态零点的数据处理方法。对于螺杆称重法测量联合收获机收获粮食产量瞬时流量技术而言,搅龙筒中保留的粮食随流量变化而改变。因此,提出动态零点分析技术,该技术确保在联合收获机作业条件下,用数据处理获得的零点来逼近实际零点。将收割机在田间实际工作时的瞬时流量范围分为若干段,取其分界点进行试验,得到几组流量与零点电压的关系,进行拟合后,即可得到整个流量范围的流量与零点电压的关系,在计算机软件程序中利用上述计算公式计算质量,从而实现对产量的测量,有效地提高了螺杆称重法的测量精度。试验台架数据表明:采用单端称质量传感器螺杆式谷物收获流量计量方法精度可以达到±2.5%以内。单螺杆称重法测量联合收获机收获粮食产量瞬时流量的方法与装置,田间试验表明,该结构可以很好地完成测量工作。动态零点的数据处理方法解决了传感器零点随流量变化而变化的问题,但对于不同体积质量的谷物计量需要进行标定,这对中国国情来讲,进行应用和推广还有一定困难。结构图如图6-2-3所示,由于计量器不包括搅龙,没有安装刷子,计量筒中所剩余粮与流量相关。

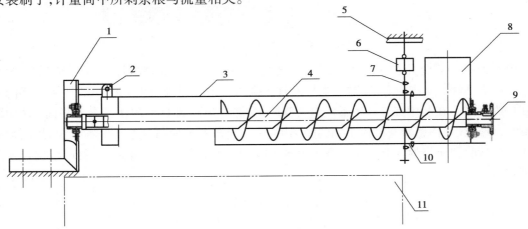

图6-2-3 单端称质量螺杆式谷物收获质量动态监视装置结构示意图

1—固定座;2—铰支点 a;3—称质量搅龙筒;4—搅龙轴;5—固定架横梁;
6—称质量传感器;7—铰支点 b;8—物料入口(兼支座);9—旋转链轮;10—密封软带;11—谷物料仓

2）软轴驱动模式流量传感器结构设计

第三代测产传感器设计改变了测量结构,主要改造的部位包括:

①传动方式:在机头由硬轴传动连接软轴穿过空心轴,由软轴的尾部将动力传递给称质量部分的螺旋叶片,减轻由于在传动扭矩时产生附加外力的影响。

②机头和称质量部分之间分别采用各自的独立支撑。在两个支撑之间用硅橡胶管密封,防止谷物和其他杂质进入到螺旋空心轴内。

③机头和称质量部分采用滑动轴承:滑动轴承具有结构尺寸小,可以承受较大载荷,使用环境适应能力强等特点,从而减小谷物在筒体内通过时的阻力。

④称质量部分的尾部与螺旋叶片轴之间采用调心轴承,克服由于加工制造及安装时造成的误差。

⑤称质量部分与机架连接采用2个小轴承:2个轴承作为支撑点,同时也克服螺旋筒体的扭矩,保持筒体平稳。

第二代样机(图6-2-4)的特点是:所有搅龙和外筒都成为计量部分,搅龙上安装有刷子,这样搅龙内不存料,零点不会随粮食流量大小而变化。

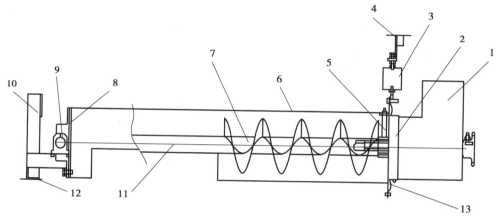

图6-2-4　第二代单端称质量螺杆式谷物收获质量动态监视装置结构示意图

1—喂料端(机头);2—机头支撑;3—悬挂式称质量传感器;4—悬挂架;5—称质量端螺旋轴支撑;

6—称质量端筒体;7—称质量端螺旋轴;8—尾部支撑(螺旋轴与软轴连接);

9—支撑;10—尾座;11—软轴;12—机架;13—外筒软连接

3）联合收获机测产传感器信号处理技术

考虑联合收获机测产传感器在试验过程中有振动干扰信号,首先对原始信号进行频谱分析,进行4 096点傅立叶变换(Fast Fourier Transform,FFT),获取功率频谱图如图6-2-5所示,显而易见,在6.987 Hz处有单一强振动信号,实际上驱动搅笼的转速约为419 r/min,在时域波形中可以清晰地看到振动频率波形。软件设定叠加 $y = \sin(2 \cdot \pi \cdot 10 \cdot t)$ 作为频率(10 Hz)校准信号。

实际田间振动频率更为丰富,信号处理采用滤波方法解决。小波(wavelet)滤波工作原理:小波变换是将信号分解为一系列小波函数簇的叠加,采用多尺度分析(multi-scale analysis)方法将被分析信号分解到不同尺度上,通过分层信号处理再重构以达到信号处理的目的。取 Daubechies(db9)小波,利用分解的第8层小波系数进行重构,与原始传感器波形进行对比,可以提取出传感器测量信号的动态过程如图6-2-6所示。

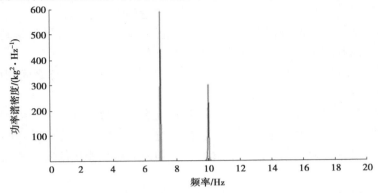

图 6-2-5 传感器信号频谱分析

滤波后的测量信号与标准流量信号动态对比图如图6-2-7所示。

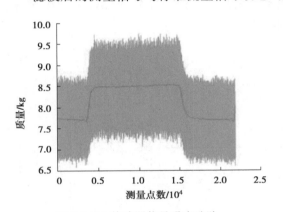

图 6-2-6 传感器信号噪声滤除

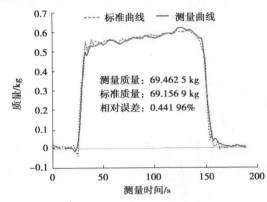

图 6-2-7 流量传感器信号与标准信号对比

6.3 智能控制技术

智能农机的控制系统主要包括总线控制、控制器(电子控制单元,ECU)、监控终端等。对于农用无人机,其控制系统则主要是机载飞控系统和地面站系统。

(1)总线控制

总线控制主要由 CAN 总线技术通过对大量的传感器、控制单元和执行器之间的通信进行管理来实现农机的智能化控制。CAN 总线作为农机网络节点连接的标准总线,规范了传感器、控制单元、执行器、信息存储与显示单元之间的数据传输格式和接口,利用总线技术可以实现农机控制系统的优化。在此基础上,国际标准化组织制定了 ISO 11783 标准来作为农业机械领域的标准通信规范,进一步规定了智能农机控制系统的网络整体架构、物理层、网络层、数据通信、电子控制单元以及任务控制器结构。现有的多数大型智能农机的整体控制系统架构都采用相关的总线技术标准进行设计。

（2）控制器

控制器是实现农业装备智能控制的核心部件。ISO 11783 标准规定的 ISOBUS 控制结构中，按照设计功能和安装位置的不同将农业装备中的控制器分为主机 ECU 和机具 ECU 两类。主机 ECU 可完成电源管理、农机设备响应、附加悬挂参数、机具与拖拉机照明控制、估计和测量辅助阀流量、悬挂命令、动力输出装置（Power Take-Off，PTO）命令、辅助阀命令等，可读取处理的信息包括辅助阀信息、PTO 信息、速度和距离信息、时间/日期信息、悬挂信息、语言信息等。机具 ECU 则主要完成机具作业时的控制，如耕整机具的犁深控制、喷施机具的变量喷药施肥、播种机具的精量播种等。

（3）监控终端

ISO 11783 标准规定的监控终端是一个状态监控系统，以实时显示农机的运行状态。目前，国内开始研发集用户界面显示、作业数据显示、作业模式调整、农机驾驶控制等功能于一体的综合性农机智能终端。

（4）机载飞控系统

机载飞行控制系统主要包括主飞控系统、高升力系统以及自动飞行系统等模块，主要用来控制无人机按照规划的飞行或作业路线进行自主飞行、仿地飞行、快速定位、自主避障控制、飞行姿态与高度控制和飞行速度控制等，对农药自动喷洒和其他作业等的控制。

（5）地面站系统

地面站系统主要用于无人机空载时预飞行障碍物检测与标记，以及在地图上创建和编飞行作业任务路线和对无人机各个传感器与电机进行校正处理，同时负责提供各控制量参数设定，以及监测显示无人机飞行状态信息和飞行作业时回传数据信息等。

6.3.1　案例 1：基于云平台的智能灌溉控制系统

针对目前我国农业水肥管理中普遍存在的管理模式粗放、自动化程度低、水肥浪费严重等问题，借助无线通信技术、自动控制技术及传感器技术等现代技术，本案例开发了一套集田间信息采集、远程自动控制、设备运行状态监测及灌溉过程调控等功能于一体的智能化灌溉控制系统，有效提高了田间管理的自动化程度和精细化水平，同时还可以对系统和各轮灌区的用水用电量进行精准计量，为灌溉水价计取和农业水价综合改革提供数据支撑。

1）智能灌溉控制系统简介

智能灌溉控制系统是借助于云服务平台、无线通信技术及传感器技术等现代技术开发出的一套可以根据土壤墒情信息对田间灌溉过程进行远程自动控制的灌溉管理系统。该系统由软件系统和配套的硬件设备两大部分组成，其中配套硬件设备主要包括 LoRa 网关、LoRa 终端、DTU 模块等数据传输设备，水泵、变频器、过滤器、智能水肥一体机等首部系统，支持 RS-485 通信的压力表和流量计等量测设备，以及脉冲电磁阀和土壤墒情传感器等田间设备。系统工作时土壤墒情传感器将采集到的土壤墒情信息实时传输到云服务器，经云服务器分析处理后根据设定的灌溉决策模型转变为相应的控制命令，控制首部系统及田间电磁阀的启闭，从而对田间灌溉过程进行控制，有效提高水肥利用率及田间管理的自动化程度和精细化水平。智能灌溉控制系统工作原理如图 6-3-1 所示。

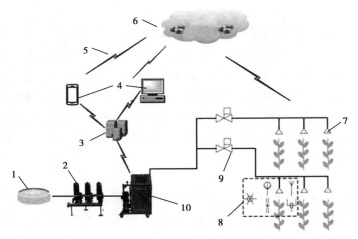

图 6-3-1　智能灌溉控制系统工作原理

1—水源;2—过滤器;3—服务器;4—客户端;5—无线网;

6—云平台;7—灌水器;8—土壤墒情传感器;9—电磁阀;10—施肥机

2) 系统硬件配置

智能灌溉控制系统分为云服务器、通信模块、下位机和执行机构 4 层结构,其中云服务器主要进行数据存储和管理决策,是控制系统的核心。通信模块是智能灌溉控制系统的信息传递中枢,其性能直接影响系统的功能和稳定性。buyingx 为有线传输,不但影响田间耕作,设备故障或需要增加新设备时可能需重新布设电路,增加施工成本,因此,采用无线通信的设计方案,同时考虑到田间环境的复杂性,通信模块应满足低能耗、精度高、信息传输稳定等要求,经对比分析,无线传输系统配套的 LoRa 网关、LoRa 终端及 DTU 模块分别选用 USR-LG220、USR-G780 和 USR-LG206 系列产品,其中,云服务器和 DTU 模块之间可实现数据透传,LoRa 网关和解码器之间采用 LoRa 通信协议+自组网的方式通信,DTU 模块和 LoRa 网关之间以 PLC 为中继,采用 485 通信方式进行信息传输,该通信方式稳定性好且设备数据传输覆盖面广,满足田间应用需求。

下位机主要是 PLC、STM32 单片机等设备,上位机控制面板通过 RS-485 通信协议与下位机完成通信。执行机构主要包括水泵、过滤器、施肥机及田间电磁阀等设备,主要负责执行各项决策命令,系统执行机构配套的过滤器和施肥机选用自主研发的设备,设备均配套具有 RS-485 通信功能的 PLC 控制模块,PLC 与 DTU 模块之间通过 RS-485 通信协议进行通信,完成相关信息及决策命令的传输。

电磁阀作为田间灌溉主要执行元件,其性能直接关系到灌溉系统的稳定性。为满足田间应用需求,田间电磁阀应满足低功耗的基本需求,经对比分析,选定了自保持式脉冲电磁阀,工作时输入正向控制信号,电磁阀打开,执行灌溉命令,此时停止输入正向控制信号,电磁阀将继续保持当前动作状态,直到输入反向控制信号,电磁阀复位,停止灌溉,满足低功耗要求。智能灌溉控制系统架构如图 6-3-2 所示。

3) 系统软件设计

项目研发的智能灌溉控制系统是将信息采集技术和自动控制技术相结合的自动化管理平台,用户借助于云控制平台,通过 PC 端或手机 APP 可实现对灌水施肥过程的远程自动控

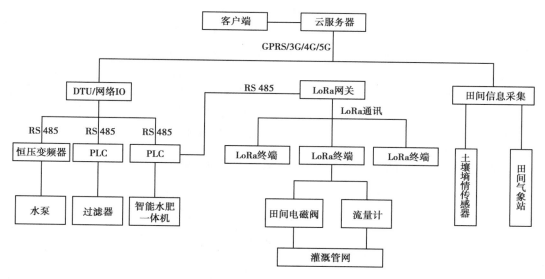

图 6-3-2　智能灌溉控制系统架构

制,有效提高水肥管理的自动化程度和智能化水平。系统运行过程中,系统配套传感器采集的土壤墒情及设备状态信息及时上传,经处理分析后根据设定的灌溉管理决策模型,发出相应控制指令,通过控制水源水泵、智能水肥一体机及田间电磁阀等设备的启闭实现对灌水过程的控制。项目的智能灌溉控制平台采用 PHP 语言开发,B/S 架构体系,区域环境可视化展示采用 ECharts 可视化工具,并配有 MySQL 数据库与应用程序,便于管理和快速访问平台数据。其控制程序如图 6-3-3 所示。

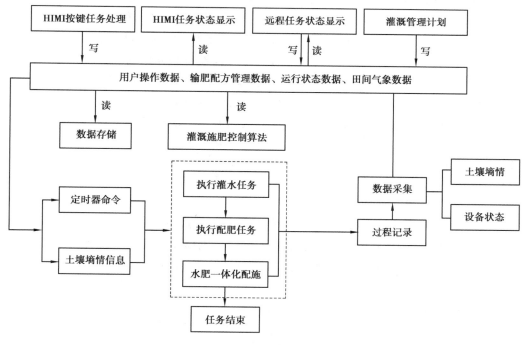

图 6-3-3　控制程序

123

智能滴灌控制系统可通过自动控制和手动控制两种相对独立的模式实现对灌溉过程的控制。手动控制即通过命令按钮直接控制系统启闭,或通过系统预先设定好设备启闭时间和灌溉周期,达到设定灌溉时间后,水源水泵、过滤器、施肥机及田间电磁阀自动打开,按设定好的施肥配方和轮灌编组进行灌溉,达到设定灌水时间/灌水量后,系统配套设备自动关闭,完成灌溉。自动控制则是根据设定好的灌溉决策模型及采集的土壤墒情和设备运行状态信息,自动对灌溉过程进行控制,并对设备运行状态、田间信息及设备运行参数等进行实时采集和反馈,便于用户及时掌握灌水施肥状况,有效提高田间管理的精细化水平。

6.3.2 案例2:基于农业物联网的日光温室智能控制系统

为实现日光温室环境的实时监测和智能控制,本案例设计了基于4层物联网架构的日光温室智能控制系统。感知层通过ZigBee无线协议构建自组织传感器网络,实现了温室环境数据采集和农机装备控制。接入层设计了温室智能控制终端,支持多种协议转换解析,实现了异构设备和网络的接入和共享。网络层基于MQTT协议传输,实现了本地和云端数据的双向传输。应用层开发日光温室智能控制云平台,具有数据采集分析、远程智能控制、策略模型自主学习等功能,实现对温室的精准、智能、联动控制。本系统经过1个茬口的椰糠无土栽培高品质番茄试验显示,日光温室软硬件的集成应用创造了作物最佳生长环境,实现了温室环境的实时智能控制,单位面积产量每年提高11.4%,节省人工33%。

1)系统总体架构

根据农业物联网架构定义和实际应用需求,本系统总体架构分为4层,分别是感知层、接入层、网络层和应用层。感知层是温室控制系统的基础,用于温室环境数据采集和农机设备控制,包括环境感知单元、环境控制单元和传感器网络。本层通过ZigBee无线协议构建自组织传感器网络,实现温室环境数据的采集和传输,以及控制信息的传输。接入层是部署在温室耳房的温室智能控制终端,是整个温室控制系统的神经中枢,负责对网络协议转换、电路管理、控制命令发送、工作状态监测等,可以屏蔽底层异构设备和异构网络的复杂性,实现了不同异构设备的统一接入和数据传输。网络层负责接入层与应用层之间的网络传输,实现环境信息和控制信息的传输和同步。为了应对日光温室较差的网络环境,本系统提供有线网络、4G、GPRS等多种传输方式。应用层是部署在云端的温室智能控制云平台,由数据中心和客户端应用程序组成,提供了智能温室智能监控的核心服务。

2)系统组成和实现

(1)感知层设计和实现

①环境感知单元硬件组成:

温室环境感知单元由控制模块、采集模块、外围组件构成,提供了环境参数采集、转换、传输等功能。控制模块采用TI公司生产的系统级SoC芯片CC2530微处理器。

采集模块集成了空气温湿度、光照强度、二氧化碳浓度、土壤温湿度等多个传感器。空气温湿度选用SHT15型传感器,输出完全标定的数字信号,测量精度为±0.3℃/±2% RH以内。光照强度选用BH1750FVI型传感器,数字信号输出,可与CC2530直接通过I^2C接口通信。土壤温湿度采集选用基于FDR原理的SMTS-11-485型传感器,模拟信号输出。二氧化碳浓度选用MG811型传感器,模拟信号输出。传感器的模拟信号和数字信号输出,经过核心控制模块AD转换、滤波过滤等处理,统一转换为系统标准的数据格式,通过控制终端的协调器传输至应用层。

外围组件包括电源管理模块和外观组件等。电源管理模块采用太阳能+锂电池的方式,实现不同环境、不同位置的长期测量需求。外观组件采用百叶窗结构,可以防止太阳直射对数据的影响,同时内含防水透气结构,以适应高温高湿的环境使用。

室外环境监测站采用北京天创金农科技有限公司开发的 J207 型智能气象站,可以对园区环境中的风向、风速、大气温度、大气湿度、光照总辐射、降水量、光照强度、土壤温度、土壤湿度等 9 个参数进行实时数据监测,能够快速反映种植地气象实时数据。

②温室环境控制单元硬件组成:

温室环境控制单元由农机装备和安装在上面的控制器、继电器、传感器组成,通过控制卷膜、卷被、通风、加温、二氧化碳、水肥一体化等农机装备,实现温室环境参数的调节。控制器采用 CC2530 芯片,通过 ZigBee 无线传输技术接收温室智能控制终端发出的控制指令,驱动继电器输出电路,实现日光温室农机设备的开启关闭等功能。传感器可以监测农机装备的执行状态,进行数据反馈调节,使水肥一体化、二氧化碳等设备实现定量控制。

③传感器网络设计:

本系统采用 ZigBee 协议构建自组织传感器网络,实现温室环境数据的采集和传输,以及硬件控制信息的传输。传感器网络采用树状组网方式,设备类型分为协调器、路由器和终端设备。终端设备包括感知设备节点和调控设备节点,负责环境信息采集和温室设备调控。路由器负责扩展网络覆盖面、路由选择。针对不同温室场景可以适当增减路由器节点。协调器负责启动和管理传感器网络,以及温室的控制终端硬件集成,是传感器网络的控制中心。终端设备和路由器通过 ZigBee 自组网络向协调器上传环境数据,协调器接收数据之后通过 4G、RS485 总线等方式向上传递。

④图像采集模块设计:

日光温室的图像采集采用海康威视 DS-2CD7T47DWD-IZ 型高清摄像头。它集成了人脸识别深度学习算法,支持对运动人脸进行检测、跟踪、抓拍、评分、筛选,输出最优的人脸抓图。本系统在此基础上进行二次集成开发,实现棚内人员的自动识别拍照和农作物图像按时间轴的自动采集,生成可视化溯源履历,通过 RS485 有线网络传输至控制终端。

（2）接入层设计

接入层的设计目标是屏蔽底层异构设备和异构网络的复杂性,实现下层资源和上层应用的解耦,形成统一的抽象资源接口。接入层控制终端搭载 Android 操作系统,采用 JAVA 语言开发环境,提供了智能网关、数据处理与转换、能源管理、固件可远程升级等功能。控制终端具有通信协议封装和解析功能,可以实现异构网络的数据传输,是 ZigBee 传感器网络与互联网传输的桥梁。

为满足上述需求,控制终端采用性能更高的四核 Cortex-A9 架构的 Exynos 4412 处理器,运行主频 1.5 GHz,集成 8 寸可触摸液晶显示屏,支持 RS485、WIFI、蓝牙、4G、SPI 等多种接口电路,通过通信串口扩展实现 ZigBee 功能。同时,为接入更多的温室终端设备,对主板 IO 进行扩展,支持接入 AC 380 V、AC 220 V、DC 24 V 和无源开关等负载设备,最多可接入 16 路负载。相较于传统 PLC 控制柜,控制终端机身采用 ABS 工程塑料,全封密闭,更适宜于高温高湿的温室环境。

（3）网络层设计

消息队列遥测传输（Message Queuing Telemetry Transport，MQTT）是 IBM 开发的物联网传输协议，主要用于轻量级的订阅/发布式的消息传输，可以为低带宽和不稳定的农业温室监控场景提供双向、实时网络通信。本系统通过 MQTT 协议建立温室控制终端、应用层客户端程序的数据双向传输。监测数据从传感器至客户端的上行传输过程如下：温室控制终端将传感器数据转换为符合 JSON 消息格式的数据，以 MQTT 的发布者角色将数据传输至数据服务器，数据服务器作为 MQTT 的信息代理将控制终端发布的数据消息推送到已经订阅相应主题的客户端应用程序。

控制命令等数据下行流程将温室控制终端作为订阅者，接收数据服务器推送的客户端应用程序发布的控制信息，再通过传感器网络将消息传输至终端设备，终端设备控制器将信息解析并控制设备。

（4）应用层设计

应用层是部署在云端的温室智能控制云平台，由数据中心和客户端应用程序构成。数据中心提供系统数据存储和访问服务，使用 MySQL 存储关系性数据，以 JSON 数据格式实现数据中心与温室控制终端、应用程序平台之间的数据交换和共享。数据中心由数据管理、发布订阅、服务管理等模块组成。数据管理模块对温室环境感知数据、气象数据、种植管理数据进行清洗转化、持久化储存。发布订阅模块承担着转发 MQTT 通信的服务功能，负责通信的建立、连接和维护。

客户端应用程序采用前后端分离架构，提高了平台的易用性和扩展性。后端管理系统使用 JAVA 语言编写，采用 Springboot+Mybatis-Plus+Shiro 框架，由系统管理、设备管理、数据管理、作物模型管理、专家模型管理等功能模块组成，提供了智能监控主要管理功能。设备管理模块集成了所有物联网设备的管理功能，包括视频监控设备、环境监控设备、温室智能调控及水肥灌溉设备等。控制策略模块集成了机器学习算法，可通过历史数据挖掘和训练，优化温室环境调控阈值模型。前端展示采用 VUE 框架，包括 WEB 网页端和微信公众号端，通过 AJAX 方式调用服务端 REST API 接口，返回 JSON 格式数据解析渲染页面，为用户提供了日光温室远程监测和控制智能监控的核心服务，包括温室管理、视频监控、环境监控、智能控制等功能。

6.4　智能决策技术

农机装备智能决策是根据感知系统获得的作业环境和作业状态等各类数据信息，结合预先设定的知识库、数据库，得出控制策略，再由智能控制系统实现智能作业。农机装备的智能决策主要应用在最优路径的规划决策、智能行走决策、变量作业决策、多机协同决策等方面。

（1）最优路径规划

作业路径最优规划的前提是能够明确农机当前在作业环境中的位置，即精准定位。

在定位导航方面，主要利用卫星定位技术和视觉定位技术。通过结合载波相位差分与卫星定位技术，智能农机已经可以实现厘米级的定位精度，然而单纯利用卫星定位技术并不能确定农机与作业目标或环境的相对位置关系。因此，有学者提出利用视觉定位技术如全向视觉传感器、SLAM 技术等来确定农机在作业环境中的位置。通过搭载高精度的卫星定位装置并结合机载的视觉感知装备与技术,既可以精确定位农机自身位置,还可以确定农机与作业目标以及作业环境等之间的位置关系。

在确定完农机以及农机与作业环境间的相对位置后,需要进一步明确农机进行作业时的作业路径,即路径规划技术。农机的作业路径规划,必须满足相关农艺规范的要求,在作业区域内不重、不漏前提下,对作业距离、时间、转弯次数、能耗等参数优化,寻找合理的行走路线,是农机无人驾驶与自主作业不可或缺的环节。对于复杂的作业场景,以及当智能农机感知到作业环境中存在动态障碍物时,需要结合计算机视觉技术以及各种地块全区域覆盖路径优化方法进行智能化的处理和分析。

（2）智能行走

智能农机实现智能化的行走主要借助辅助驾驶技术和无人驾驶技术。辅助驾驶是介于传统驾驶与无人驾驶之间的一种过渡技术,主要是利用电动方向盘,以及自主定位装置、姿态传感器、智能驾驶控制器、转向轮角度传感器、压力传感器、液压转向电磁阀组等,实现农机的直线追踪行走与自动转弯,并结合操作员的手动控制或远程遥控加以辅助。无人驾驶则是在辅助驾驶技术的基础上,进一步结合雷达测距、激光测距以及其他视觉传感器等障碍物检测装置与路径规划技术,在农机自主行走的同时,实现其对障碍物的自主检测与避障,进而实现无人工干预的作业路径跟踪与作业机具操作。

（3）变量作业

在智能农机实现自主定位、导航与行走之后,需要进行具体的作业。变量作业主要借助智能农机感知到的作业目标（如生长状态、病虫害等）与环境（如风速、温湿度等）信息以及作业机具工作状态（如位姿、液位、阻力）等相关信息,并结合作业规范的要求和具体作业目标的特性,借助大数据分析及人工智能等技术,建立相关信息与喷施、播种等作业系统控制量之间的关系模型,自动生成作业处方图或处方文件,实现施肥的精量配方、农药的变量喷施以及种子的精量播种等作业。

（4）多机协同

多机协同作业的核心是在多个农机和多个地块之间建立映射关系并综合考虑任务数量、作业能力、路径代价以及时间期限等因素,在满足实际作业约束条件的前提下,实现最优化的协同作业。当前,相关工作仍以多机系统作业任务分配方法的研究为主,如基于遗传算法、蚁群算法、B-patterns 算法、Clark-Wright 算法等的协同作业模型在实际作业过程中,当前智能农机主要侧重于领航-跟随方式的主从协同的多机作业模式。

案例 1：多维数据驱动的粮食安全分析与智能决策系统

基于粮食安全领域需求,本案例系统地描述了粮食安全分析与智能决策系统的体系架构、数据基础、指标体系和预警模型,以"昆阅粮食安全大数据分析与智能决策系统"为例,展示了粮食安全结构分析、因素分析、平衡分析、图谱预警与智能决策等应用服务。

1）体系架构

基于粮食安全领域对多维数据的展示与分析需求,设计和构建了多维数据驱动的粮食安全分析与智能决策系统如图 6-4-1 所示。该系统包括基础设施层、数据层、分析层、应用层等四部分。基础设施层包括了数据采集设备、数据存储设备和数据分析设备等硬件设施,是粮食安全分析与智能决策系统的资源载体。

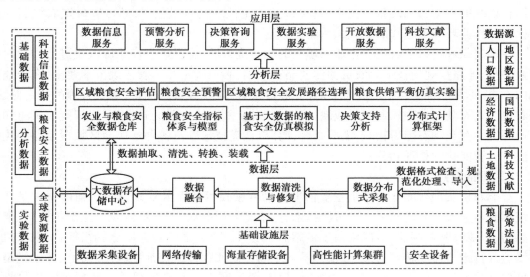

图 6-4-1　粮食安全分析与智能决策系统体系架构

　　数据层对多源异构的数据进行分布式采集、规范化加工、修复与融合,具体流程包括:①分布式数据采集。数据采集模块采用分布式爬虫采集、人工数据摄入等方式进行数据采集。②数据清洗与修复。采集的数据不可避免存在缺失、误差等缺陷。通过对这些数据缺陷进行分析,形成数据清洗与修复的规则。然后应用这些规则自动对分布式采集的数据进行清洗、补充等修复操作。③数据融合。修复之后的数据虽然准确,但来自不同信息源,不仅内容不同,而且结构上也有差异,还需要通过数据格式检查、规范化处理、消除冗余等技术对这些多源异构的数据进行融合。④大数据存储中心。按照功能,数据可以分成基础数据、分析数据与实验数据三大类;按照内容,数据可以分成粮食安全数据、全球资源数据及科技信息数据三大类。采用 HDFS、Hive、HBase 大数据存储技术对这些数据进行存储,使其具有独立性、长期性、安全性、完整性特征,为粮食安全分析与智能决策系统提供大数据支撑。

　　分析层是整个系统的核心功能单元,通过进一步集成多重分析指标和模型,进行粮食安全的大数据分析与实验。分析层集成了粮食安全指标体系与相关的数据挖掘算法,形成支撑农业与粮食安全决策的动态分析模型及仿真实验方案。分析层除了支持区域粮食安全评估、粮食安全预警等宏观决策分析外,还将实现粮食产量、粮食供销平衡等大数据仿真模拟实验,为各地粮食的发展方向提供决策支持。分析层主要包括:①农业与粮食安全数据仓库。通过对数据层中各类数据进行抽取、清洗、转换与装载,形成面向各类分析指标的农业与粮食安全数据仓库。②决策支持分析。在农业与粮食安全数据仓库及分析指标的基础之上,提供区域及全球粮食安全评估、预警等决策支持分析功能。区域粮食安全评估、预警分析包括对地区粮食安全进行全面的数据扫描,通过内置的分析模型,及时、自动输出该地区粮食安全的分析结果。每年根据最新数据,自动完成对各个地区粮食安全分析指标的计算及预警分析。③基于大数据的粮食安全仿真模拟。对区域的粮食生产潜力、粮食储备规模,以及耕地、播种结构等要素的变动进行基于大数据仿真模拟,提供在线粮食产量和粮食供销平衡仿真实验。此外,还可基于粮食安全大数据对各种可能出现的结果、趋势进行计算,为各地粮食安全的发展方向提供路径选择。最后,应用层根据数据的分析结果为用户提供数据信息服务、预警分析服务和决策咨询服务等。

2）指标体系

粮食安全分析与智能决策系统构建了指标体系动态管理模块,支持指标定义、指标关联、指标计算和指标可视化等。指标定义分为基础指标定义和高级指标定义,包括指标名称、指标类型、基本单位、权重、计算公式、阈值等要素。指标关联可以建模指标间复杂的依赖关系,形成树状指标体系。指标计算则根据指标的计算公式和关联关系来计算指标体系中各级指标值,并进行单位自动换算和标准化处理。指标可视化结合了地图和时间轴来展示不同指标的时空变化规律。指标体系动态管理模块预置了一套三级指标体系,首先将国家统计年鉴和FAOSTAT 作为数据源从中抽取出部分指标作为基础指标,然后将基础指标进一步地分析和组合得到二级指标,最后利用主要成分分析法和专家分析法筛选部分二级指标作为决策指标。

3）预警模型

粮食安全分析与智能决策系统中预警模型(图 6-4-2)的结构由预警指标、预测分析、预警阈值确定、风险分析和预警判断等组成。预警阈值是通过专家和算法对不同预警指标的定性和定量研究后确定的界限,基于阈值可以将预警度划分为无、轻度、中度和重度。如果预警判断模块确定存在风险(即预警度预测为中度或重度),则会立刻发布预警信号并给出预警度,反之则会加强异常指标数据的监测。预测分析模块基于预警指标的历史数据和实时数据可生成一系列时间序列数据、空间序列数据和特征序列数据等,可采用支持向量机、深度神经网络等智能模型来拟合这些数据。最后,用训练好的模型来预测粮食安全的最新趋势。本项目使用支持向量机(SVM)来进行空间特征预测,利用长短期记忆网络(LSTM)进行时间特征和周期特征预测,最后融合三种特征的预测结果得到最优预测。

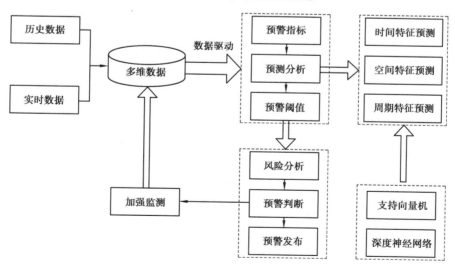

图 6-4-2　粮食安全预警模型

SVM 是一种经典的机器学习模型,其机制是将数据投影到高维向量空间中,并构造一个超平面将不同的数据分隔。在空间特征预测中,将空间序列作为输入数据定义为 $D=\{(x_1, y_1), (x_2, y_2), \cdots, (x_n, y_n)\}, y_i \in \mathbf{R}$,其中 x_i 表示预警指标的空间位置,y_i 则表示预警指标的实

际值。在模型训练中,预警指标的预测问题可以形式化地表示为:

$$\min \frac{1}{2} \| w \|^2 + C \sum_{i=1}^{n} l_\varepsilon(f(x_i) - y_i)$$

LSTM 是一种具有记忆能力的深度神经网络,广泛地应用于语音识别、机器翻译和文本预测等领域。LSTM 采用了输入门、输出门、遗忘门和记忆单元等特殊结构来建模时间序列数据中存在的长期依赖问题。在基于 LSTM 的预警指标预测中,将时间序列和周期序列作为输入,在时间步 t 将输入定义为 $X_t \in R^{n \times d}$(n 为输入数据的数量,d 为输入的维数),输入门 I_t、输出门 O_t、遗忘门 F_t 和候选记忆单元的计算如下:

$$I_t = \sigma(X_t W_{xi} + H_{t-1} W_{hj} + b_i),$$
$$O_t = \sigma(X_t W_{xf} + H_{t-1} W_{hf} + b_f),$$
$$F_t = \sigma(X_t W_{xo} + H_{t-1} W_{ho} + b_o),$$
$$C'_t = \sigma(X_t W_{xc} + H_{t-1} W_{hc} + b_c).$$

第 **7** 章
典型智能农机装备案例

农业机械的智能化对现代农业的蓬勃发展起到了巨大的推动作用。各种高新科技在农业领域中的应用,使我国基本实现了农业全程机械化,农业发展已走在世界前列。本部分案例主要来自国际大学生智能农业装备创新大赛中的公开展示作品,在三全育人背景下,引导学生自觉、主动地投身到乡村振兴及新农村建设,增强创新创业意识,激励学生创新农业机械技术,提升社会自豪感,提高其日后从事相关工作的意愿度。

7.1 苹果采摘机器人

目的:能准确识别定位摘取被枝叶遮挡影响下的苹果。

7.1.1 遮挡影响下的苹果识别与定位

采用基于 K-means 算法将图像放在 L＊a＊b 颜色空间中进行聚类,并使用 ＊a 分量将对象与背景区分开来,以提高分割精度。然后,利用凸包算法提取分割对象的真实轮廓。最后,利用三点定圆算法对提取的目标轮廓进行重构。

1)噪声滤波

采用中值滤波、均值滤波和高斯滤波 3 种滤波方法对原始苹果图像进行去噪,通过对比滤波后苹果图像的去噪效果(图 7-1-1)。中值滤波能在消除噪声干扰的同时保护苹果图像的边缘,使其不模糊,并且图像中的细节也被很好地保留下来了。因此,选择中值滤波方法对苹果图像进行去噪处理。

(a)中值滤波后的苹果图像　　　(b)高斯滤波后的苹果图像　　　(c)均值滤波后的苹果图像

图 7-1-1　苹果滤波

2）图像分割

（1）空间颜色的选择

将 RGB 图像转换为 L＊a＊b 颜色空间（分量 L 代表亮度，分量 ＊a 代表红色和绿色，分量 ＊b 代表黄色和蓝色），并使用包含成熟苹果的红色且不受亮度组件 L 影响的组件 ＊a 来区分苹果目标与背景。从苹果分量 ＊a 的图像可以明显看出苹果目标与背景之间的差距明显，颜色分量分布的差异性也大，能够提高分割精度。

（2）基于 K-means 特征聚类的苹果图像的分割

K-means 聚类是一种无监督学习分类算法，在最小化误差函数的基础上将数据划分为预定的类 k。

K-means 聚类算法的基本思想是：（设一个数据集中包含 M 个样本数据，聚类数为 K）

①任选 K 个样本作为初始聚类中心；

②计算全部待划分样本数据与 K 个聚类中心间的欧氏距离，并将每个样本数据分类到最近的聚类中心所在的聚类中；

③重新计算每个集群的聚类中心（取平均值），并将样本点重新分配到每个集群；

④重复最后一步，直到由两个相邻时间计算出的集群中心都相同或变化很小，然后分类结束。

K-means 聚类算法流程图如图 7-1-2 所示。

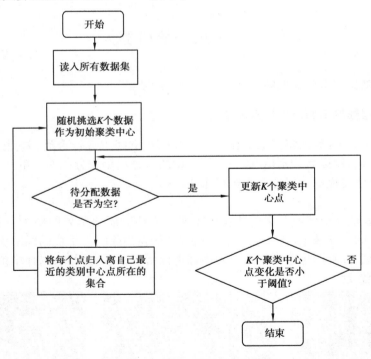

图 7-1-2　K-means 聚类算法流程图

在对苹果图像进行分割时，为了保证聚类结果的准确性以及运行速度，选择聚类数 $k=2$ 和 $k=3$ 来进行试验。利用 K-means 聚类算法对滤波后的苹果图像进行分割，观察两个分割结果：$k=3$ 时的分割结果比 $k=2$ 时的聚类结果中苹果的边缘较清晰，因此选择聚类数 $k=3$ 进行后续的试验。

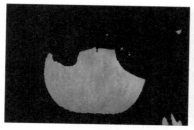
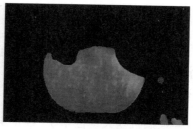

（a）k=2时的聚类结果　　　　（b）k=3时的聚类结果

图 7-1-3　K-means 聚类算法

为了弥补苹果目标在刚开始分割时缺失的边缘像素，使用半径为 1 像素的"disk"圆盘结构元素对 $k=3$ 时的聚类结果进行形态学膨胀运算。针对聚类分割后产生的孔洞现象，采用 Flood-fill 算法填补果实部分的缺孔问题。

3）苹果的轮廓提取与重构

最常见的边缘检测算子主要有：一阶微分算子、二阶微分算子和 Canny 算子。通过对比结果，选择 Canny 算子提取苹果图像的边缘。

针对去除苹果目标伪轮廓这一问题，选用步骤简单且运行速度快等优点的卷包裹法算法。如图 7-1-4 所示是卷包裹算法的具体过程，其基本思想如下：

①首先过最小的点 a_1 作一条水平直线 L；

②直线 L 绕 a_1 点逆时针旋转，遇到第二个顶点 a_2 时，接着绕点 a_2 逆时针旋转，则点 a_1，a_2 之间形成的线段 a_1a_2 则为凸壳的第一条边；

③重复步骤②，直到使 L 旋转 360° 回到点 a_1 结束，便能得到苹果的凸壳。

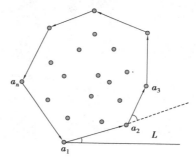

图 7-1-4　苹果的轮廓提取

对苹果目标的伪轮廓进行去除，基本操作步骤如下：

①利用边缘检测算法提取苹果果实的边缘轮廓；

②将苹果目标边缘轮廓最左上角的像素点作为起始点，按逆时针方向跟踪苹果目标轮廓像素点；

③获得各凸壳顶点对应的轮廓点序号，根据序号计算相邻边缘点间的距离；

④求得所有边缘点间距离的平均值，将其记作 T，若凸壳上任意两顶点间的距离小于 T，则将这两个凸壳顶点作为真实目标轮廓保留下来，反之，则去除。

133

4）被枝叶遮挡的苹果的定位方法

采用三点定圆法还原苹果完整真实轮廓。具体步骤如下：

①在苹果目标的真实轮廓上任选 3 个点；

②根据这 3 个点确定一个圆对苹果目标真实轮廓拟合；

③通过 100 次的重复选点，将太大或者太小的圆进行去除，求剩下圆的圆心坐标和半径的平均值来定位被枝叶遮挡的苹果目标。

7.1.2　苹果采摘机器人定位系统（视觉定位技术）

采用视觉定位系统，该系统由深度相机和机械臂组成。首先对相机进行标定试验得到内外参数；接着采用 Eye-to-hand 手眼标定形式求得机械手与相机的位置关系；然后对机械臂采用改进的 D-H 参数法建立数学模型；对比分析三次多项和五次多项两个关节轨迹规划，选择合适的关节轨迹规划；创建机械臂的 URDF 模型，使用 MoveIt! 机器人运动学配置工具对其配置，测试实时控制系统的可行性。

1）视觉系统标定实验

（1）相机标定

采用 USB 接口进行供电和通信的英特尔 RealSenseD435 深度相机，选用张正友校准方法。张正友校准方法的校准过程是通过摄像机从多个角度拍摄棋盘校准板的图像，从图像中提取棋盘网格的角点信息，并结合三维空间中各点的坐标信息，计算出摄像机的内参数矩阵。

本实验采用 12 * 9 黑白网格校准板，每个网格尺寸为 5 mm×5 mm。在标定过程中，要保证标定板完全位于相机的视野范围内，并且标定板的图像要占整个相机图像面积的 1/4 以上才可以。深度相机获得的 10 组校准板图像如图 7-1-5 所示。

图 7-1-5　深度相机拍摄的棋盘式校准板的图像

最终得到相机的内参参数如图 7-1-6 所示。

```
[ INFO] [1605856994.602775942]: camera intrinsic calibration finished, and the result has b
een saved as: /home/nvidia/ROS_ws/src/vision_rocr6/config/intrinsic_calibration.yaml
camera Matrix: [1360.421338190466, 0, 989.6849107405169;
 0, 1362.978832384744, 538.435538845682;
 0, 0, 1]
camera distCoeffs:  k1:0.181601  k2:-0.604027  p1:0.00196876  p2:0.00266631  k3:0.533706
RMS re-projection error: 0.49585
[ INFO] [1605856994.611269052]: ==========>Camera Intrinsic Calibration STOPPED!<==========
```

图 7-1-6　相机的标定实验结果

相机的内参矩阵为：

$$\begin{bmatrix} 1360.421 & 0 & 989.684 \\ 0 & 1362.978 & 538.435 \\ 0 & 0 & 1 \end{bmatrix}$$

径向畸变系数：$k_1 = 0.181\ 601$；$k_2 = -0.604\ 027$；$k_3 = 0.533\ 706$

切向畸变系数：$P_1 = 0.001\ 968\ 76$；$P_2 = 0.002\ 666\ 31$

重投影均方根误差：$0.495\ 85$

（2）手眼标定

机器人的手眼标定就是确定机器人与相机之间的相对位置关系。根据相机安装位置的不同，存在 Eye-in-Hand 和 Eye-to-Hand 两种手眼系统。采用 Eye-to-Hand 形式的手眼系统，其各坐标系之间的关系如图 7-1-7 所示。

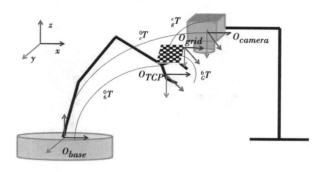

图 7-1-7　Eye-to-Hand 形式的手眼系统坐标定义

首先根据 Eye-to-hand 手眼标定的原理，将棋盘标定板安装在六轴机械臂的末端法兰上，将相机固定在移动机器人车体上方。然后在 ROS 环境中利用 OpenCV 手眼标定函数进行编程完成手眼标定，采用基于 Park 方法的标定函数求解 $^0_6T_j \times ^0_6T_i^{-1} \times ^0_CT = ^0_CT \times ^c_gT_j \times ^c_gT_i^{-1}$。手眼标定的结果如图 7-1-8 所示。

```
[ INFO] [1605864888.256398985]: camera hand eye calibration finished, a
nd the result has been saved as: /home/nvidia/ROS_ws/src/vision_rocr6/c
onfig/eyeToHand_calibration.yaml
camera => robotBase Rotate: [0.05103314047062346, -0.1592306807581004,
0.9859215023920604;
 -0.9980438518506219, 0.02756540341801283, 0.05611255044618876;
 -0.03611216355855038, -0.9868564935388094, -0.1575124528518503]
camera => robotBase Euler Angles: [72.2294, 80.3744, -160.392]
camera => robotBase Translation: [-0.8760867537002351;
 -0.4354362759354641;
 0.1258097965976247]
[ INFO] [1605864888.272528948]: ===========>Camera Hand Eye Calibration
STOPPED!<===========
```

图 7-1-8　手眼标定结果

从图可以看出，相机坐标系到六轴机械臂基座坐标系的旋转矩阵为：

$$R = \begin{bmatrix} 0.0510 & -0.1592 & 0.9859 \\ -0.9980 & 0.0275 & 0.0561 \\ -0.0361 & -0.9868 & -0.1575 \end{bmatrix}$$

根据 X-Y-Z 固定角的旋转顺序获得姿态角为：

$$RPY = \begin{bmatrix} 72.2294° & 80.3744° & -160.392° \end{bmatrix}$$

相机坐标系到机械臂基座坐标系的平移向量为：

$$T = \begin{bmatrix} -0.8760 & -0.4354 & 0.1258 \end{bmatrix}^{T}$$

2）机械臂的轨迹规划

（1）机械臂模型建立

选用中科深谷的协作型六轴机械臂，主要由六个关节模块、连接件、底座、末端部件组成。

采用改进的 D-H 参数法描述六轴机械臂结构六个关节的坐标系。连杆和关节之间的关系如图 7-1-10 所示。

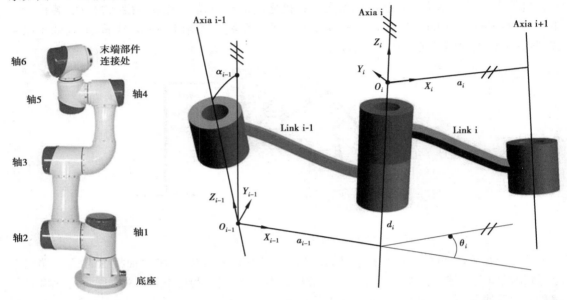

图 7-1-9 机械臂   图 7-1-10 模型建立

可以确定相邻两个坐标系间的位置关系，其变换矩阵为：

$$
{}_{i}^{i-1}A = \begin{bmatrix}
\cos\theta_i & -\sin\theta_i & 0 & \alpha_{i-1} \\
\sin\theta_i\cos\alpha_{i-1} & \cos\theta_i\cos\alpha_{i-1} & -\sin\alpha_{i-1} & -d_i\sin\alpha_{i-1} \\
\sin\theta_i\sin\alpha_{i-1} & \cos\theta_i\sin\alpha_{i-1} & \cos\alpha_{i-1} & d_i\cos\alpha_{i-1} \\
0 & 0 & 0 & 1
\end{bmatrix}
$$

（2）机械臂的运动规划

机械臂的轨迹规划主要分为笛卡儿空间轨迹规划和关节轨迹规划。考虑到使用的六轴机械臂控制器是以各关节角度为控制量，因此选择关节轨迹规划方式。关节空间轨迹方法有三次多项式和五次多项式。五次多项式比三次多项式多了角加速度约束，考虑到六轴机械臂关节运行的平滑性和稳定性，选择五次多项式进行关节空间插值。

（3）基于 MoveIt! 的机械臂轨迹规划

①MoveIt! 的整体系统结构如图 7-1-11 所示。

②机械臂 URDF 模型的配置。

URDF 文件是基于 XML 编写来表述机械臂的统一文件，其内部包括机械臂的位置、碰撞

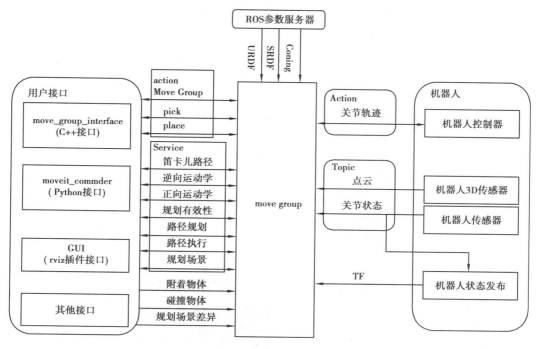

图 7-1-11　整体系统结构

检测、虚拟关节等信息,参数配置文件包括有机械臂的关节参数、运动规划、运动学等信息。

六轴机械臂的 URDF 文件创建过程:

a. 定义六轴机械臂的名字为 arm_robot 和世界坐标 world;

b. 定义基座连杆的属性,包括质量、惯性、颜色和碰撞检测等;

c. 为了实现连杆之间的运动关系,需要定义 Joint,若二者是固连关系则定义连杆是 fixed 类型,若其是旋转轴连接,则定义连杆是 revolute 类型。

根据上述规则,就能完成对六轴机械臂的关节连杆定义创建 URDF 文件。创建好的 URDF 文件如图 7-1-12 所示。

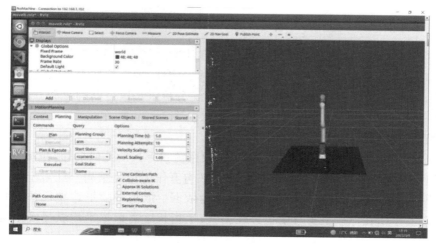

图 7-1-12　URDF 模型文件

六轴机械臂模型进行运动规划：ROS 中提供了 Setup Assistant 配置助手可以快速完成六轴机械臂模型的动力学属性配置和运动规划。

a. 创建碰撞矩阵，这是为了防止六轴机械臂在运动的过程中与本体或者其他障碍物发生碰撞；

b. 加入虚拟关节，由于六轴机械臂是固定的，所以将其固定在世界坐标系中；

c. 设置六轴机械臂的位置，主要是设置六轴机械臂的初始位置，能让其在完成运动规划后返回到初始位置。

通过以上步骤就会生成一个关于六轴机械臂控制的运动学功能包。

对六轴机械臂进行运动规划仿真：

在六轴机械臂的运动规划界面中，motion planning 模块中的运动规划库，可用来对六轴机械臂进行运动规划。在 ROS 中创建 control_node 节点算法模块，由它发布经过五次多项式插值后的运动控制指令，并控制六轴机械臂进行仿真运动。六轴机械臂的运动轨迹如图 7-1-13 所示，从图中可以看出机械臂运动轨迹的平滑性。

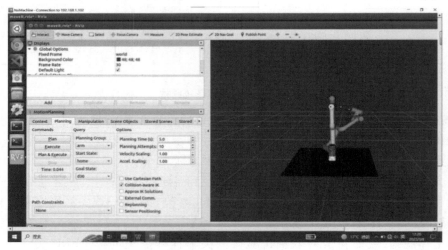

图 7-1-13 机械臂运动规划仿真结果

7.1.3 柔性末端执行器设计（智能化设计技术）

本小节选取红富士苹果为抓取目标对象，研究其物理特性，获得末端执行器抓取苹果应具备的基本条件；通过分析多种手指抓取目标物体稳定性，确定柔性手爪的数量；根据三指稳定抓取条件分析，确定手指位置和稳定抓取力；对比分析末端执行器的驱动方式，选择适合的驱动方式。

1）苹果的物理特性

采用型号为 MNT-150T 的美耐特型游标卡尺来测量苹果的几何尺寸（包括苹果直径和苹果纵径），每个尺寸按不同的位置测量三次后取平均值作为最终结果。红富士苹果的重量通过凯丰电子秤测量。将参考苹果的平均尺寸作为依据。取苹果的平均直径作为软体手爪的有效抓取直径，手指在抓取果实时要包裹住果实，手指长度需根据平均纵径确定且要大于平均纵径。

为确保苹果在被稳定抓取的同时不能破坏其表皮,采用平板压头,设置初始接触力为 0.6 N,数据采样频率为 10 Hz,并以 10 mm/min 的加载速率分别对苹果进行静载荷压缩试验,当苹果果实表皮被破坏时导出实验数据,然后得到苹果的静载荷压缩结果。当柔性手指在抓取苹果时,为了苹果表皮不产生机械损伤,手指的负载不能大于苹果产生弹性变形的最小载荷。

2)柔性末端执行器的整体结构

柔性末端执行器的整体结构如图 7-1-14 所示,其主要组成部分包括三脚架、支柱、手指连接架、柔性手指、电机和固定支架等组成。手指结构是在基于鳍射线效应手指的基础上进行优化;手指数量选择三根;手指材料选择柔性材料 TPU;驱动方式选择电机驱动,选用型号为42HZ3413T8C 型直线步进电机。

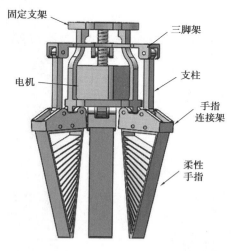

图 7-1-14　末端执行器总体结构

电机固定在固定支架上,三脚架通过支柱连接手指连接架,柔性手指固定在手指连接架上均匀地分布在固定架底盘上。柔性末端执行器使用步进电机作为动力输出,通电后,通过螺旋杆转动带动三脚架上下运动,推动着三个柔性手指张开和闭合。

柔性手指有限元分析步骤:

(1)零件的材料参数定义

柔性手指采用的材料为 TPU,由于软件里没有 TPU 材料属性需要在 Materials 中自定义TPU 属性,定义柔性手指材料的杨氏模量为 16 MPa,密度为 1 130 kg/m³。圆形物体材料的选择对结果没有影响,因此定义圆形物体的材料为铁。

(2)零件模型的网格划分

网格的划分将会影响有限元分析的结果,由于手指的结构模型较简单,因此直接用ANSYS Workbench 中的自动网格划分方法,为了使网格划分的精细化,设置网格划分的尺寸为 3 mm。这样能保证在求解过程中软手指结构不会发生断裂,并且求解时间能够缩短。

(3)接触设置

由于模拟的圆形物体向软手机结构移动,所以要设置它们之间的接触连接。目标几何体是软手指结构,接触几何体是圆形物体,定义接触类型为无摩擦,接触面是一面,为软手指结构的侧面和圆形物体的曲面。

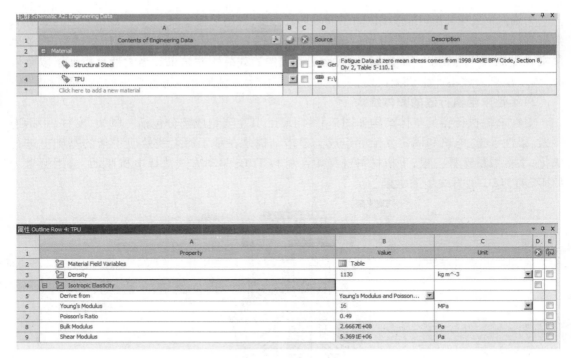

图 7-1-15 定义材料

图 7-1-16 网格划分与接触设置

(4)设置分析条件

圆形物体向软手指结构移动 15 mm,因此设置沿 X 轴的分量为 15 mm,沿 Y 轴和 Z 轴的位移分量为 0 mm;设置圆形物体的移动速度沿 X 轴分量为 150 mm/s,沿 Y 轴和 Z 轴的速度分量为 0 mm;设置软手指结构的最下面的两个面为固定支撑。图 7-1-17 为分析条件。

(5)求解方案设置

零件模型在完成以上处理后进行求解,选择工具栏中的 Solve 进行求解。求解方案设置包括圆形物体和软手指结构的总变形、软手指结构在 X 轴和 Y 轴的变形量以及圆形物体和软手指结构之间的接触应力。

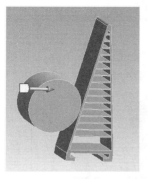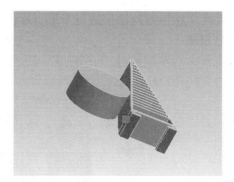

（a）速度载荷　　　　　　　　　　（b）固定支撑

图 7-1-17　分析条件设置

（6）结果分析

得出的数据做成图表,进行量化对比,选出最优的手指结构模型。

柔性末端执行器样机制作及试验：

利用 3D 打印技术把手指零件打印出来,其他结构采用铝合金材料进行制作,将制作完成的零件组装起来就是柔性末端执行器实物见图 7-1-18。

图 7-1-18　末端执行器组装实物图

空载试验：用手将柔性末端执行器的上端固定,通过驱动电机转动带动三脚架移动使得柔性手指产生相应的变形。

负载试验：首先选取不同直径的苹果果实作为柔性末端执行器的抓取目标,接着使柔性末端执行器分别抓取这些果实并移动一定的位移,来验证柔性末端执行器抓取的稳定性,在完成抓取任务后,检查被抓苹果果皮是否遭到破坏。

7.1.4　基于 ROS 的采摘机械手采摘苹果试验

本小节主要实现整个机器视觉六轴机械臂的抓取实验,首先在实验室中搭建整个系统的硬件平台,将柔性抓取末端执行器功能和视觉识别功能集成在 ROS 软件平台中,并使用六轴协作机械臂与柔性末端执行器协作进行苹果目标的识别定位以及采摘实验。

1）试验平台搭建

实验平台主要由六轴机械臂、工控机、PC 机、相机、柔性夹爪等五部分组成。其中工控机采用的是型号为 TW-T600，其能为 CAN 转接器和深度相机等提供 USB 接口。

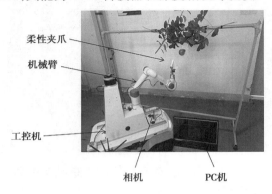

图 7-1-19　试验平台

2）机械手软件系统总体设计

采摘机械手的设计在 ROS 系统平台的基础上进行，视觉识别软件平台负责对 RealSenseD435 深度相机采集的苹果图像信息进行处理，基于 ROS 点对点的设计模式，将视觉识别软件中需要用到的部分设计成 ROS 工作区下的各个节点，视觉识别与定位部分基于 Open CV 视觉库开发。Open CV 视觉软件库使用 C++编写，可用于多种系统平台，并且拥有多种语言的接口，内部的 API 接口函数除了可以直接调用，还可以对源码进行修改。

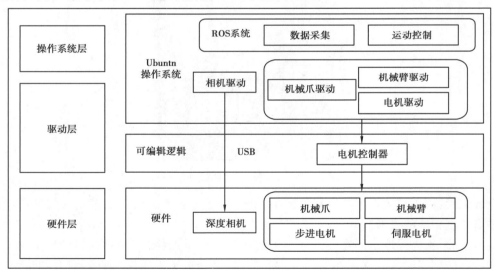

图 7-1-20　软件系统设计框图

机械手总体的软件系统设计包括三个部分，分别是硬件层、驱动层和操作系统层。

硬件层：主要包括获取苹果位置信息的相机以及实现六轴机械臂和柔性机械爪运动的电机。六轴机械臂是通过内部的电机和驱动器进行运动的，相机通过 USB 串口与上位机控制器连接，柔性机械爪通过步进电机及配套的驱动器实现苹果目标的抓取，同时将采集到的信息传给操作系统层进行处理。

驱动层:是上层和下层之间通信的枢纽,当其接收到上层下发的对电机的控制命令后,通过 CAN 总线传递给电机驱动器,实现对电机的控制。相机通过 USB 串口实现与上位机的通信。

操作系统层:是系统最核心的部分,使用 Ubuntu 系统,与 ROS 通信接口一致,主要是利用相关算法下发运动控制命令给驱动层。

3) 目标识别抓取试验

(1) 作业流程

采摘机械手根据视觉系统和运动规划进行自主控制,当深度相机对苹果果实进行识别和定位后,将其目标位置发送给上机位,上位机将苹果的位置通过逆运动学求解,对六轴机械臂进行路径规划并控制其到达苹果果实的位置,接着柔性末端执行器闭合完成抓握苹果的动作,进而完成采摘任务。

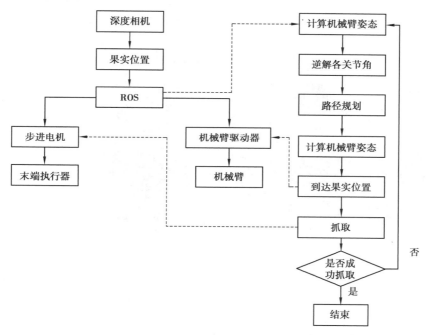

图 7-1-21　采摘机械手作业流程图

(2) 苹果果实识别试验

使用 RealSenseD435 深度相机在室内对苹果目标进行识别与定位,首先将被枝叶遮挡的苹果果实随机固定在架子上,然后提取苹果识别感兴趣的区域,并获得区域内质心位置的坐标信息,并将坐标信息结果实时显示在终端,实现苹果果实的识别与定位。

(3) 苹果果实抓取试验

抓取试验环境与目标识别定位试验环境需保持一致,将待抓取直径为 80 mm 的被枝叶遮挡的苹果目标固定在有绿叶背景的架子上,并将具有绿叶背景的架子放置在距离六轴机械臂前 600 mm 的位置上。六轴机械臂按照上位机规划好的轨迹运动到被枝叶遮挡的苹果目标位置处进行抓取,在执行过程中,柔性末端执行器的三根柔性手指始终呈张开状态,当柔性末端

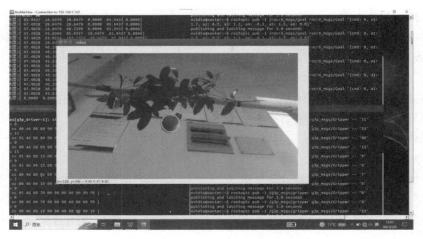

图 7-1-22　枝叶遮挡苹果目标识别结果

执行器到达苹果目标点后,柔性末端执行器的步进电机控制三根柔性手指包裹并夹住被枝叶遮挡的苹果目标,然后将其采摘下来,从而完成整个苹果采摘系统的自主抓取任务。

（a）初始位置　　　　　（b）移动到某一位置　　　　（c）夹爪接触果实　　　　（d）成功采摘果实

图 7-1-23　机械臂实际抓取苹果过程

重复试验,每次试验前改变被枝叶遮挡的苹果的位置,最后统计成功采摘红富士苹果的次数、识别时间以及采摘时间并对试验数据进行分析。

针对实验结果具体有以下几点分析:

①在多组试验中,被枝叶遮挡影响下的苹果目标是否都能被识别和定位,说明目标识别与定位算法的可靠性。

②分析采摘失败原因,说明机械臂运动轨迹规划算法的正确性和可行性。

③分析机械臂完成一次采摘苹果的任务平均耗时,是否达到了抓取系统实时性的要求,满足抓取苹果任务需求。

④分析被柔性末端执行器成功抓取的苹果表面是否存在破损,将采摘后的苹果放置三天后,苹果表面是否存在明显破损,说明柔性末端执行器的可靠性和柔顺性。

7.2　基于视觉引导的转盘挤奶机套杯机器人

目的:设计一套自动套杯系统,实现套杯、挤奶及自动脱杯等系列流程的自动化操作。

7.2.1　确定自动套杯机器人系统的需求功能,设计套杯机器人系统的总体方案

1)总体方案设计

在原有设备圆形转盘挤奶机的基础上增设套杯机器人系统单元,主要由附加轴单元、套杯机器人执行端本体、自动套杯组件装置及套杯机器人末端执行器单元组成(图 7-2-1)。自动化套杯挤奶生产设备所划分区域为:套杯机器人、自动套杯组件装置、双目结构光视觉系统装置,结合转盘挤奶机、脉动挤奶控制单元进行系统布局设计;自动套/脱杯组件装置,主要由驱动装置、脉动器、真空泵、套杯机器人主体组成等。

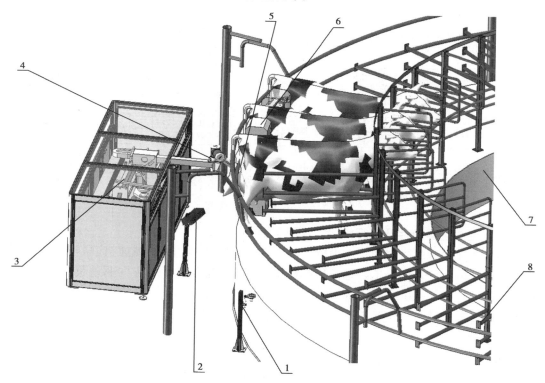

图 7-2-1　圆形转盘自动套杯挤奶总体方案布局图

1—旋转编码器装置;2—双目结构光相机;3—套杯机器人主体框架;4—套杯机器人本体;

5—机器人末端执行器;6—自动套杯组件;7—待套杯的奶牛栅栏位置;8—圆形转盘挤奶机

2)系统工作流程说明

(1)系统功能模块

系统功能模块主要包括机械和电气控制两个层面。机械部分的硬件设备包括套杯机器人的执行端六轴协作机器人、伸缩轴、追踪轴及奶杯末端执行器,分别实现挤奶过程中的套

杯、取杯及自动收纳等作业;电气控制层的硬件包含台达 DVP50MC11T 运动控制器、人机操作显示界面及配套传感器,用于控制机械层面的硬件设备,共同协助执行完成套杯程序。

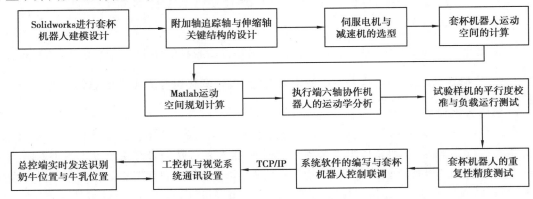

图 7-2-2　套杯机器人自动控制系统技术路线

（2）系统模块化工作流程

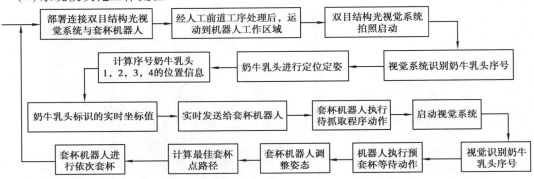

图 7-2-3　模块化工作流程

3）附加轴关键零部件及执行机构的选型与设计

以拼接式弧形地轨搭载作为动力输出的追踪轴,选择伺服电机、减速机、联轴器及同步带组合式的传动的方式。附加追踪轴的横移机构采用同步带传动水平方向驱动负载的方式,设计按最高转速计算 3 000 r/min。前后伸缩轴采用伺服电机、减速机及齿条滑台模组传动,将轴向运动转变为直线方向上的运动,实现主轴沿 Z 轴上下方向的运动。两个附加轴关节的传动方案分别如下:

①伸缩轴关节:伺服电机—减速机—齿条滑台模组;

②追踪轴关节:伺服电机—减速机—联轴器—同步带。

伸缩轴和追踪轴关节伺服电机选择 ECMA-CA0807SS 型号电机,是带有抱闸(或刹车)功能的伺服电机。伸缩轴配套的减速机选用的型号为 AB90-30-S2-P2,减速比为 30;追踪轴选用的型号为 ABR90-30-S2-P2,减速比为 30。

追踪轴同步带传动机构的相关设计参数计算:追踪轴承重负载质量按照 50 kg 进行计算。

（1）计算传递功率与设计功率

传递功率的计算公式如下:

$$F = \mu mg + ma_{max}$$

$$P = F \times v_{max}$$

$$P_d = K_A \times P$$

取导向面摩擦系数 $\mu = 0.1$，负载承重总质量 $m = 50$ kg，最高运行速度 $v_{max} = 0.5$ m/s，最大加速度 $a_{max} = 5$ m/s^2，得 $P = 149.5$ W。考虑实际使用，将传递功率适当放大为 $P = 200$ W，取工况系数 $K_A = 2.0$，则 $P_d = 0.4$ kW。

（2）确定同步带带型

初定主动带轮最高转速为 400 r/min，查阅圆弧齿同步带选型图可知设计功率为 0.4 kW，转速为 400 r/min 时，带型为 5M，其节距 p_b 为 5 mm。

（3）确定主动带轮齿数 z_1

当带型为 5M 时，主动带轮转速小于等于 900 r/min 时，主动带轮最小齿数 z_{min} 为 14，由于安装尺寸允许且带速可调，主动带轮齿数可选用较大值，此处取 $z_1 = 70$。

（4）计算主动带轮节圆直径 d_1

$$d_1 = \frac{p_b \times z_1}{\pi}$$

将其节距 $p_b = 5$ mm 代入，可求得节圆直径 $d_1 = 111.41$ mm。

（5）主动带轮转速 n_1 验算带型与节距的计算

主动带轮的实际转速 n_1 可由下式进行计算：

$$n_1 = \frac{60 v_{max}}{\pi d_1}$$

将相关数据代入，可得 $n_1 = 85.71$ r/min。

（6）从动带轮齿数 z_2 与节圆直径 d_2 计算

这里同步带传动比为 1，则 $z_2 = z_1 = 70$，$d_2 = d_1 = 111.41$ mm。

（7）初定中心距 a_0

已知同步带传动行程 L_K 为 2 300 mm，考虑同步带轮尺寸以及同步带齿形板尺寸等，设计时考虑留有一定余量，初定中心距 $a_0 = 2\ 700$ mm。

（8）初定带的节线长度 L_{op} 及其齿数 z_b

$$L_{op} \approx 2a_0 + \frac{\pi}{2}(d_2 + d_1) + \frac{(d_2 - d_1)^2}{4a_0}$$

将数据代入，求得 $L_{op} \approx 5\ 750$ mm，查机械设计手册选取接近的 $L_p = 6\ 150$ mm，$z_b = 123$。

（9）计算实际中心距 a

这里采用中心距可调整的传动结构，故实际中心距可采用下式计算：

$$a \approx a_0 + \frac{L_P - L_{op}}{2}$$

将数据代入可得 $a \approx 2\ 690.52$ mm，满足运动行程要求。

（10）计算带宽 b_s

对于圆弧齿同步带 HTD，计算带宽公式如下：

$$b_s \geq b_{s0} \times \sqrt[1.14]{\frac{p_d}{k_L k_z p_O}}$$

查阅机械设计手册可知 $b_{s0} = 9$ mm，$K_Z = 1$，$K_L = 1.2$，可得 $b_s \geq 19.57$ mm，选取最大带宽为

40 mm。

7.2.2 对套杯机器人执行端的 ZU7 六轴协作机器人运用 $D-H$ 参数法进行运动学分析（计算机技术）

对套杯机器人选用的 ZU7 六轴协作机器人的各关节与各连杆进行分析并得到相关运动模型参数,运用 Robotics Toolbox V10.2 工具箱验证正逆运动学求解的正确性。

1）机器人运动学分析

选用具有碰撞检测功能的六轴协作机器人,机器人型号为 ZU7,具有 6 个自由度,内置 6 个伺服电机,通过减速器、同步带轮等驱动 6 个关节轴的旋转;该机器人主要包含 3 个腕关节、1 个肘关节、1 个肩关节、小臂杆、大臂杆及底部机座关节等。

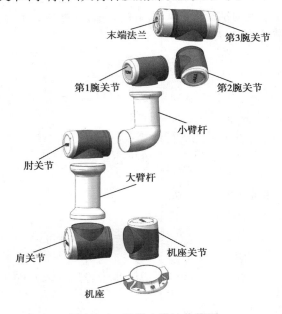

图 7-2-4　机器人模块化简图

采用 $D-H$ 参数法分析六轴协作机器人的运动学。

机器人的正、逆解运动学关系如图 7-2-5 所示。

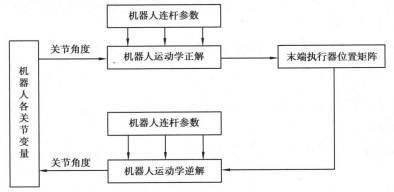

图 7-2-5　运动学关系

（1）机器人正运动学求解

由 D-H 参数法，建立 ZU7 六轴机器人的连杆坐标系：

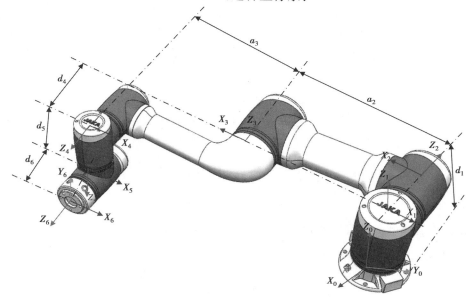

图 7-2-6　连杆坐标系

机器人的正运动学是已知 6 个角度求变换矩阵，根据 D-H 参数表，计算出各连杆变换矩阵，运动学的正解如下：

$$\begin{cases} n_x = -s_6 c_1 s_{234} + s_1 s_5 s_6 + c_1 c_5 c_6 c_{234} \\ n_y = s_1 c_{234} c_5 c_6 - s_5 c_1 c_6 - s_1 s_{234} s_6 \\ n_z = s_{234} c_5 c_6 + s_6 c_{234} \\ o_x = -s_1 s_5 s_6 - c_1 c_{234} c_5 c_6 - c_1 c_6 s_{234} \\ o_y = -s_1 s_6 c_{234} c_5 + s_5 s_6 - s_1 s_{234} c_6 \\ o_z = c_{234} c_6 - s_{234} s_6 c_5 \\ a_x = s_1 c_5 - s_5 c_1 c_{234} \\ a_y = -s_1 s_5 c_{234} - c_1 c_5 \\ a_z = -s_{234} s_5 \\ p_x = d_4 s_1 + d_5 c_1 s_{234} - d_6 s_5 c_1 c_{234} + a_2 c_1 c_2 + d_6 c_5 c_1 + a_3 c_1 c_{23} \\ p_y = -d_4 c_1 + d_5 s_1 s_{234} - d_6 s_1 s_5 c_{234} - d_6 c_1 c_5 + a_2 s_1 s_2 + a_3 s_1 c_{23} \\ p_z = -d_5 c_{234} + a_2 s_2 - d_6 s_{234} s_5 + a_3 s_{23} + d_6 \end{cases}$$

式中 $s_{23} = \sin(\theta_2 + \theta_3)$，$c_{23} = \cos(\theta_2 + \theta_3)$，同样的 $s_{234} = \sin(\theta_2 + \theta_3 + \theta_4)$，$c_{234} = \cos(\theta_2 + \theta_3 + \theta_4)$，$\theta_i$ 表示为第 i 关节的角度值。

（2）机器人逆运动学求解

机器人的逆运动学求解的过程是指定机器人末端位置和姿态，通过计算求得机器人到该位置情况下的各关节转角变量，并驱动机器人移动到该位置下，计算机器人整体可能出现的姿态，整个过程与正运动学求解恰好相反。

机器人的逆运动学求解采用代数法求解法。

将 ZU7 六轴机器人齐次变换矩阵${}^0_6T$ 左边乘矩阵${}^0_1T^{-1}$，右边乘矩阵${}^5_6T$，可得：

$$
{}^0_1T^{-1}{}^0_6T{}^5_6T=
\begin{bmatrix}
c\theta_1 & s\theta_1 & 0 & 0 \\
0 & 0 & 1 & -d_1 \\
s\theta_1 & -c\theta_1 & 0 & 0 \\
0 & 0 & 0 & 1
\end{bmatrix}
\begin{bmatrix}
n_x & o_x & a_x & p_x \\
n_y & o_y & a_y & p_y \\
n_z & o_z & a_z & p_z \\
0 & 0 & 0 & 1
\end{bmatrix}
\begin{bmatrix}
c\theta_6 & s\theta_6 & 0 & 0 \\
-s\theta_6 & c\theta_6 & 0 & 0 \\
0 & 0 & 1 & -d_6 \\
0 & 0 & 0 & 1
\end{bmatrix}
$$

由式左右两侧的第 3 行与第 4 列元素相等，求解可得：

$$s_1(p_x-d_6a_x)-c_1(p_x-d_6a_y)=d_4$$

对上式进行三角函数运算，可得：

$$\theta_1=\arctan\left(\frac{p_y-d_6a_y}{p_x-d_6a_x}\right)\pm\arccos\left(\frac{d_4}{r}\right)$$

$$r=\sqrt{(p_x-d_6a_x)^2+(p_x-d_6a_y)^2}$$

将 ZU7 六轴机器人的齐次变换矩阵左乘矩阵${}^0_1T^{-1}$，求解得：

$$
{}^0_1T^{-1}{}^0_6T=
\begin{bmatrix}
c_1 & s_1 & 0 & 0 \\
0 & 0 & 1 & -d_1 \\
s_1 & -c_1 & 0 & 0 \\
0 & 0 & 0 & 1
\end{bmatrix}
\begin{bmatrix}
n_x & o_x & a_x & p_x \\
n_y & o_y & a_y & p_y \\
n_z & o_z & a_z & p_z \\
0 & 0 & 0 & 1
\end{bmatrix}
$$

由上式的第 3 行与第 4 列的元素相等可得：

$$s_1p_x-c_1p_y=d_6c_5+d_4$$

对上式简化求解后得：

$$\theta_5=\pm\arccos\left(\frac{s_1p_x-c_1p_y-d_4}{d_6}\right)$$

由矩阵第 3 行第 1 列与第 3 行第 2 列的元素相等可得：

$$s_1n_x-c_1n_y=-s_6s_5$$

$$-s_1o_x+c_1o_y=c_6s_5$$

求解可得：

$$\theta_6=\pm\arctan\left(\frac{-s_1o_x+c_1o_y}{s_1n_x-c_1n_y}\right)$$

由矩阵左右两侧第 1 行第 3 列与第 2 行第 3 列相等可得：

$$-(c_1a_x+s_1a_y)=s_5c_{234}$$

$$a_z=-s_5s_{234}$$

计算可得：

$$\theta_{234}=\arccos\left(\frac{a_z}{c_1a_x+s_1a_y}\right)$$

由矩阵左右相等的第 1 行第 4 列与第 2 行第 4 列相等可得：

$$-d_6(c_1a_x+s_1a_y)+c_1p_x+s_1p_y=a_2c_2+a_3c_{23}+d_5s_{234}$$

$$-d_6a_z+p_z-d_1=a_2s_2+a_3s_{23}-d_5c_{234}$$

计算可得：

$$(m_1 - a_2 c_2)^2 + (m_2 - a_2 s_2)^2 = a_3^2$$
$$m_1 = -d_6(c_1 a_x + s_1 a_y) + c_1 p_x + s_1 p_y - d_5 s_{234}$$
$$m_2 = -d_6 a_z + p_z + d_5 c_{234} - d_1$$

整理可得：

$$\theta_2 = \arccos\left(\frac{m_1^2 + m_2^2 + a_2^2 - a_3^2}{\sqrt{(2 \times a_2 \times m_1)^2 + (2 \times a_2 \times m_2)^2}}\right) + \arctan\left(\frac{m_2}{m_1}\right)$$

$$\theta_{23} = \arctan\left(\frac{-d_6 a_z + p_z - d_1 + d_5 c_{234} + a_3 s_2}{-d_6(c_1 a_x + s_1 a_y) + c_1 p_y + s_1 p_x - d_5 s_{234} + a_3 s_2}\right)$$

$$\theta_4 = \theta_{234} - \theta_{23}$$
$$\theta_3 = \theta_{23} - \theta_2$$

通过以上求解，关节变量 $\theta_1 \sim \theta_6$ 已全部求出，至此完成了执行端 ZU7 六轴协作机器人运动学的逆解求解过程。

2）运行工作空间与机器人运动学仿真

根据机器人的关节角度范围，然后利用蒙特卡洛法对 ZU7 机器人空间进行分析。各关节角度计算公式：

$$Q_i = Q_i + (Q_{imax} - Q_{imin}) * \text{rand}(N,1)$$

式中 Q_i 表示为第 i 关节的角度值，Q_{imin} 与 Q_{imax} 表示为第 i 关节角度值的最值，其中 i 取值（1，2…6），$\text{rand}(N,1)$ 随机产生 N 组（0，1）之间的数，在本小节中 N 随机取 30 000。

依次对机器人的 6 个关节角度变量分别取值，利用 fkine 函数，然后运用正运动学求出与关节角度对应的任务空间，最后运用 Matlab 软件进行仿真测试，得到的运动空间。

采用 Matlab 软件中的机器人工具箱 Robotics Toolbox V10.2 对执行端六轴协作机器人的运动学模型进行仿真验证。机器人工具箱 Robotics Toolbox 的 Link 函数主要包括有 theta、d、a、alpha 等参数。其中 theta 表示关节角，d 表示连杆偏距，a 表示连杆长度，alpha 表示连杆扭角。使用 standard 标准的 $D-H$ 法建立模型，将 $D-H$ 参数值填入 Link 函数中，在 Matlab 软件中建立六轴机器人的运动学仿真模型。

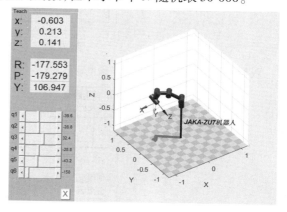

图 7-2-7　Matlab 仿真

在 Matlab 软件中通过输入仿真代码，得到六轴机器人的运动学模型，然后利用 teach 函数调出机器人的控制滑块，滚动滑条可控制调节机器人的关节角度，观察机器人的不同运动姿态。

3）机器人轨迹规划仿真

定义机器人设空间中任意两点的关节值末端起点为 $q_s = [0,0,0,0,0,0]$，终止点为 $q_f = [0.4,2,0.8,-1.7,-0.6,0.5]$，使用 Robotics Toolbox V10.2 工具箱中的 jtraj 函数进行关节空间轨迹规划仿真，调用的格式如下：

$[q,qd,qdd] = jtraj[qs,qf,t]$

    $t=[0:0.1:10];$

    $T=fkine(r,q);$

    $Plot(r,q);$

机器人仿真时间 t 设定 10 s,采样间距为 0.1 s,运行轨迹规划仿真程序使得机器人末端执行器位置从 qs 点移动到 qf 点,从而得到 ZU7 机器人末端执行器位置以及各个关节的角位移曲线、角速度曲线、角加速度曲线;运用 subplot、plot 函数指令得出执行端六轴机器人末端的运动轨迹规划曲线。

7.2.3 视觉引导系统的模块化软件设计(视觉导航技术)

首先对双目结构光视觉的硬件选型,利用立体匹配结合结构光编解码获得最佳被测目标点;然后对手眼标定、立体匹配、视觉引导系统操控界面的二次开发设计及套杯机器人通信交互之间的设计;最后对视觉引导系统与套杯机器人集成式模块化的控制系统进行二次开发设计。

1)视觉系统硬件选型

视觉系统功能需求:

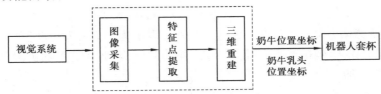

图 7-2-8　视觉系统功能图

双目视觉系统的识别工作流程:

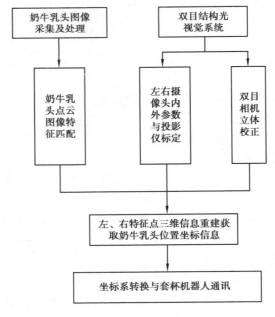

图 7-2-9　视觉系统的识别工作流程图

152

系统硬件选用基于条纹投影的系统集成式结构光双目相机。设备内部结构系统单元主要由 2 个相同像素的工业相机(左摄像机与右摄像机)、2 个工业镜头、1 个可支持编辑程序的 DLP(Digital Light Procession)高速投影仪及 1 台工控机组成。

图 7-2-10　高速投影仪图

结构光双目视觉系统原理:

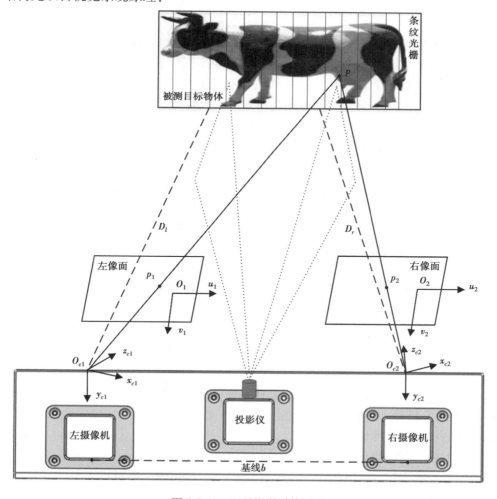

图 7-2-11　双目视觉系统原理

2）视觉系统的手眼标定

机器人手眼标定坐标系变换关系:

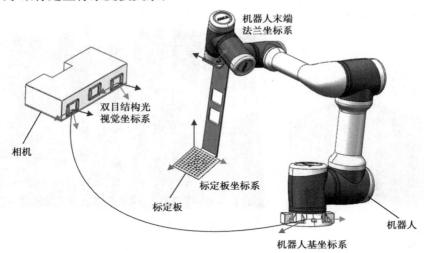

机器人末端
法兰坐标系

双目结构光
视觉坐标系

相机

标定板坐标系

标定板

机器人基坐标系

机器人

图 7-2-12　坐标系变换关系

选用圆点阵列靶标标定板通过连接杆固定于机器人的末端,标定板的位置随机器人的末端的运动而时刻发生变化,通过相机采集机器人末端不同姿态标定板的图像,在机器人带动标定板运动的过程中,通过控制机器人移动至任意或者多个位置处,结构光双目相机采用固定式安装在机器人正下方,保持标定板始终在双目相机的视野范围内。

3）视觉系统二次开发

视觉系统二次开发软件是基于 Labview 软件平台,系统软件功能如下:

（1）系统标定

标定结构光双目视觉系统和机器人手眼关系进行,获取机器人系统的相关固有参数;

（2）图像采集

控制结构光双目视觉系统对目标场景进行扫描,采集对左、右相机进行稳定的图像,并将采集的光栅条纹图像在后台进行实时保存;

（3）位置测量

分析与处理采集的图像,获取两个单目相机所识别拍摄的三维点云,获取最佳的待套杯乳头的在机器人基坐标系下的位置坐标;

（4）机器人套杯

识别计算待套杯的仿真奶牛乳头的位置坐标,控制套杯机器人定位目标物体,完成套杯作业。

完成上述软件功能基础上,对自动化套杯系统进行模块化设计,软件分为视觉标定、图像采集、位置测量及机器人套杯等四个模块。

4）系统各模块的软件设计

（1）双目视觉系统的标定

标定实施步骤:首先确定视野大小,按照常规奶牛尺寸,取一般身长 1.4 m,调整双目相机及结构光焦距,视野大小包含奶牛乳头可能出现的范围;然后进行相机与机器人手眼标定。

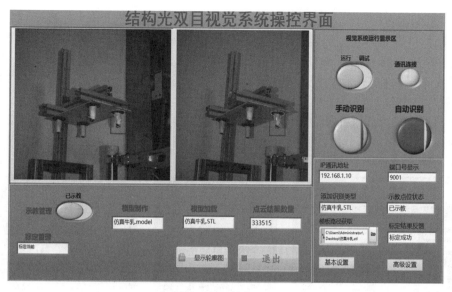

图 7-2-13　触控界面

在执行端六轴机器人末端装上固定夹具的法兰工装,标定板安装在工装的末端,通过离线编程软件控制已安装标定板的机械臂到指定位置,标定范围包含在奶牛乳头尽可能出现的视野范围内,标定板必须尽可能在标定视野范围之内。在视野范围内分别标定内、外两层若干个标定点,标定板在标定时需取至少 30 个不同姿态,分为内层 15 个姿态,外层 15 个姿态;按照标定距离视觉相机较远的一层,然后标定离视觉相机距离较近的一层,每 1 层标定的采集图片在视野的左上角、右上角、正中间、右下角、左下角共 5 个位置,每个位置包含 3 个不同的姿态,其中内外层一个姿态需要有一个正面对着结构光双目视觉系统。

标定结束后会系统界面会弹出标定的误差结果,为了保证更高的测试精度,需多次重复标定。

（2）创建点云

在工控机界面上生成好标定文件后,单击主界面菜单栏按钮,弹出创建点云界面。单击浏览导入标定文件,后缀名为“∗.calib”;单击“3D 点云 LUT 生成”,然后点击“生成点云”,在显示区点云模式下将可以看到生成物体的点云图。

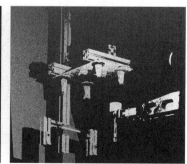

（a）奶牛仿真乳头模型　　　　　（b）标记识别区域　　　　　（c）模型匹配后的点云设置

图 7-2-14　点云识别模型设置操作

（3）模型的制作

模型制作步骤是导入标定后文件模型、STL 列表文件、设置工件姿态限制。具体如下：选择仿真奶牛乳头三维模型的 STL 文件，输入长、宽、高，边缘类型选择全部轮廓边缘，匹配等级可根据需要选择，这里选择 3 级，勾选绕 Z 轴旋转无变化后，点击制作模型，等待制作完成即可。

模型制作完成之后选择加载模型，加载上一步制作生成的模型文件即可；模型选择完毕设置识别设置，对相关参数进行微调增加模型识别准确率，模型识别设置之后可以点击手动识别验证识别准确率。

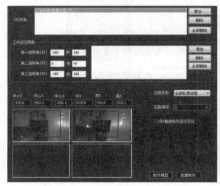
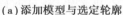
（a）添加模型与选定轮廓

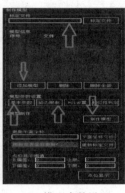
（b）模型参数设置

（c）3D模型的预览

图 7-2-15　模型制作的操作界面

（4）模型加载

载入新模型，点击界面的加载模型，选择相应的模型载入。载入已有模型，点击按钮，弹出加载对话框。选中模型文件，然后进入鼠标右键菜单，选择"载入"，单击"确定"即可完成模型加载。

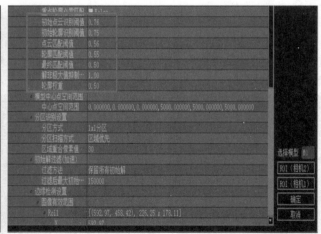

图 7-2-16　模型加载的操作界面

（5）模型识别与套杯抓取程序设计

示教抓取方法：对视野范围内的目标物体进行识别，识别目标物体点击系统软件操作控件，获得工件位置；点击系统界面控件，进入示教点位置操控输入面板。确定执行端六轴机器人位置和目标物体的位置后,由系统创建抓取点,获取视觉系统识别目标物体的坐标系,确认抓取点后记录保存此时执行端六轴机器人的位置数据,启动执行程序移动套杯机器人。将套杯机器人移动到指定抓取位置,发送添加示教点功能完成示教点定义。套杯机器人返回原点,发送识别抓取目标功能。

通过 TCP/IP 客户端建立通信,TCP/IP 通信协议如下:

TCP/IP 通信:用于支持连接和断开字符结束校验

符号:\r\n(ascII 码为:0D0A)视觉字符串;

接收数据形式:

<Read>OpenVideo</Read>

发送数据形式:

<Sensor><String>YES_OpenVideo</String></Sensor>

针对识别与抓取模型协议、示教抓取协议等,进行数据传输,包含连接和断开功能。

识别与抓取的字符定义形式如下:

①识别模型:执行端六轴机器人发送命令字符格式:Recg,X±坐标值,Y±坐标值,Z±坐标值,RX±坐标值,RY±坐标值,RZ±坐标值,模型号;视觉系统反馈指令:X±坐标值,Y±坐标值,Z±坐标值,RX±坐标值,RY±坐标值,RZ±坐标值,模型号;

②识别抓取目标:执行端六轴机器人发送命令字符格式:RecgGrasp,X±坐标值,Y±坐标值,Z±坐标值,RX±坐标值,RY±坐标值,RZ±坐标值,模型号;视觉系统反馈指令:字符格式:X±坐标值,Y±坐标值,Z±坐标值,RX±坐标值,RY±坐标值,RZ±坐标值;模型索引号,工具号,示教抓取索引,识别结果总数;

③添加示教抓取点:添加示教抓取点、启动识别目标物体,通过离线编程软件控制执行端六轴机器人到适当的抓取位置,进行目标物体的抓取操作。

通过 Labview 软件与 TCP/IP 通信调试助手进行数据传输,通过对模型的识别,然后获取目标物体的坐标值,启动视觉引导系统后,识别的抓取点坐标值通过视觉助手实时显示出来。

图 7-2-17　串口数据解析

为保证实时且持续不间断的进行数据发送,通过 NetAssist V5.0.3 版本的网络调试助手,协议类型是 TCP Client 作为接收端,设置远程主机端口为 9001,设置完毕后,选择连接发送数据,可以保持系统数据在实时监控过程中的同步与稳定。

(6)视觉引导系统

将套杯挤奶器正确套上奶牛乳头:首先点击手动识别,等待识别完成后,由套杯机器人抓取套杯组件上之一的挤奶器,手动示教移动套杯机器人将挤奶器移动到绿色已识别乳头仿真模型上,并记录下此时执行端六轴机器人的各关节姿态并通过自动读取功能写入至视觉引导控制系统软件内。

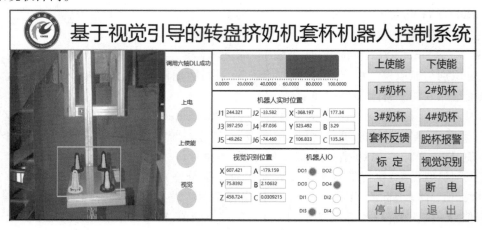

图 7-2-18　视觉系统

通过导入相机参数,设置格雷码和相移投影的相机采集图,勾选实时采集按钮。由界面提供的 3D 预览接口,手动查看各个视角下目标物体的匹配情况;待目标物体抓取姿态示教完成后,通过 TCP/IP 网络调试助手发送指令给视觉引导系统的上位机,等待上位机识别并返回套杯机器人待抓取套杯的位置,此时按照视觉引导系统上位机所给数据信息,返回套杯机器人末端世界坐标系下的位置,通过示教软件,移动执行端六轴机器人到相应位置即可验证识别及抓取正确性。

7.2.4　附加轴控制系统的搭建与联调试验(智能控制技术)

对套杯组件进行安调及整体套杯机器人控制系统的二次开发与其运动控制,搭建整个实验平台,进行套杯机器人的综合试验。

1)附加轴控制系统设计

整体系统架构采用 PC 机与 CANopen 总线型运动控制器相结合的运动控制架构。包括附加轴的控制、执行端机器人的控制、各执行程序与交互信号的设置和修正等。

软件控制系统程序流程:首先启动主机,系统自动进行模块(I/O)和系统软件的初始化,然后进入主程序界面,在套杯作业时进入"运行主程序界面",期间由双目结构光视觉对目标物体奶牛的位置进行识别与获取,同时进行附加轴速度控制的设置。每次程序启动可根据需要切换执行初始位置,由于套杯区域空间的限制,设置初始位置操作是为了避免程序循环启动时执行端六轴机器人与牛栏出现碰撞;经过回初始位置操作后,套杯机器人开始循环执行各动作。

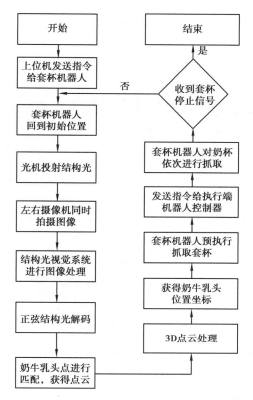

图 7-2-19　机器人流程图

2）套杯机器人系统的二次开发设计与控制流程

设置服务器 1 监听端口：取端口号为 5001 用于给机器人发送控制指令，进行机械臂联调控制；服务器 2 监听端口：取端口号为 5000 用于接收机器人反馈的数据，经通信协议与套杯机器人进行通信，同时也与结构光双目视觉系统进行相机通信，发送指令给结构光双目相机，读取双目相机识别到的仿真乳头位置和基座的位置，反馈给执行端机器人进行实时储存，扫描触发仿真乳头与基座位置进行拍照，拍照后并把结果返回给套杯机器人执行端六轴机器人控制器。

二次开发系统程序获取机器人数据格式说明如下：

发送消息：{"cmdName"："get_data"}

接收消息：

{"tio_dout"：[0，0，0，0，0，0]

"tool_position"：[6.542，−14.934，−16.158，−2.586，−6.720，8.196]，"tio_ain"：[1]，

"paused"：0，"cmdName"："get_data"，"estop"：0，

"current_tool_id"：0，

"actual_position"：[13.016，−2.567，2.606，0.002，0.046，13.024]，

"joint_actual_position"：[15.247，−5.496，−13.070，2.284，−4.171，9.391]，

"rapidrate"：1.0，

"enabled"：1，"errorMsg"：""}：

①actual_position：[13.016，－2.567，2.606，0.002，0.046，13.024]6个数字代表机器人TCP在笛卡儿空间的位置；

②joint_actual_position：[15.247，－5.496，－13.070，2.284，－4.171，9.391]6个数字代表机器人6个关节的角度值。

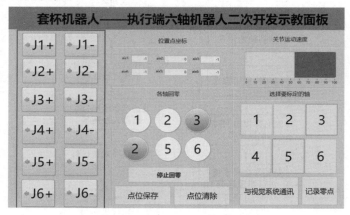

图7-2-20　六轴机器人控制界面

整个控制系统分视觉模块和伺服电机运动模块,两模块通过TCP/IP通信方式交互运行,运用"结构光双目视觉系统+伺服控制系统+CANopen总线通信"的控制模式。

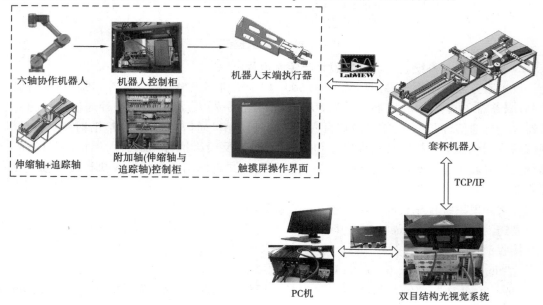

图7-2-21　系统硬件控制架构图

3）联机实验

（1）套杯机器人自动套杯综合测试

套杯机器人自动套杯的工作流程：

①识别动态下奶牛的位置与奶牛的乳头；

②进行立体匹配与点云特征信息提取；

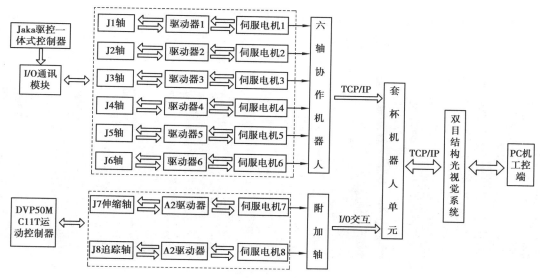

图 7-2-22 系统软件控制架构图

③对仿真乳头实际位置进行定位；

④由识别的坐标值结果,反馈至等待的套杯机器人,获取实时数据信息后套杯机器人开始运动。

通过软件界面操作点击识别工件控件,相机自动识别并填写位置；通过移动机器人抓取工件姿态,从机器人软件读取并填入机器人示教抓取位置；点击添加示教信息,完成示教。由套杯的抓取、翻转、识别拍照到最后整个套杯机器人套杯作业。

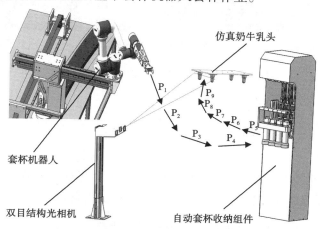

图 7-2-23 工作过程

套杯机器人套杯过程完成的样机分解步骤如图 7-2-24 所示。

（2）套杯机器人套杯运动轨迹规划

在软件调谐-示波器中界面中,设置两轴关节运动参数的最大速度为 1 000 mm/s,加速度（和减速度）设置为 3 000 mm/s²,追踪轴套杯为往复追踪模式则设置为"交替"选项,获得足够加速、减速和平稳阶段持续时间的运动轨迹。在示波器面板中选择 PTPVCMD（位置命令速度,用于记录和查看两轴关节位置环路的轨迹速度）、PE（位置误差）及 V（速度命令）；然后设置采样深度为 2 000 点,时间间隔为 1 ms,由外部转盘挤奶机的传感器设置为立即触发模式,触发速度为 0.5 mm/s,方向沿转盘顺时针运动方向,通过台达 DVP50MC11T 运动控制器内置的示波器,运行记录后,获取附加轴运动关节位移速度合成曲线,通过由 Labview 示波器功能模块监控得到执行端六轴机器人的位移、速度及加速度的曲线。

（a）等待接收套杯指令　　　　（b）执行套杯运动程序　　　　（c）夹取套杯单元进行翻转

（d）视觉引导系统拍照扫描　　　（e）到达套杯点临界位置　　　（f）自动套杯动作完成

图 7-2-24　套杯机器人自动套杯分解动作

7.3　小麦复合清选装备设计与关键技术

目的:设计一种小麦复合清选装备,依据小麦及脱出物的物化特性对装备进行优化设计,以进一步提高粮食清选效率、降低因小麦清选造成的损失等问题。

7.3.1　被清选小麦的物化性能测定及清选工艺研究

测量分析小麦籽粒以及脱出物的相关物理特性,主要包括脱出物成分组成(长茎秆,短茎秆,石子等)、草谷比、脱出物各组分含水率、形状尺寸、籽粒千粒重、密度以及悬浮速度。

1）小麦作物草谷比测定

草谷比是农作物秸秆的发生量/作物产量,测量步骤如下:

①收获一定面积的农作物(注:确保收获的范围代表性良好,避免由于地块间的生长差异而引起的误差,确保彻底清除籽实上的草秸残留物,以准确计算草谷比)。

②分别称量籽粒和草秸的质量,籽粒质量为 m_c,草秸质量为 m_d。

③草谷比计算公式：

$$p_a = \frac{m_d}{m_c}$$

④多次反复测量，并记录，结果取平均值。

2）小麦脱出物各组成成分含水率测定

采用干燥法测量小麦籽粒及脱出物的含水率，步骤如下：

①收集一定数量的小麦籽粒及茎秆试样，确保试样具有代表性；对大量脱出物进行抽样时，要确保采样点均匀分布。

②在实验室环境下，使用干净、干燥的容器装入谷物试样。使用精确的天平称量容器和谷物的总重量（m_1）。

③将装有小麦籽粒及茎秆的容器放入干燥箱中，将温度设定在 100 ~ 105 ℃。加热至谷物重量恒定，约 1 小时以上（干燥时间可能因谷物种类和初始含水率而异）。

④取出并冷却至室温后，称量小麦籽粒及茎秆和容器的总重量（m_2）。

⑤计算含水率公式：

$$w = \left[(m_1 - m_2)/m_2 \right] \times 100\%$$

⑥记录谷物含水率的数值，并在需要时进行平均或统计分析。

3）脱出物形状尺寸测量

采用游标卡尺和直尺等测量工具进行测量小麦籽粒外形、秸秆形状，测量其长宽厚尺寸。

4）脱出物密度

采用排水法测量密度。试验步骤：

①随机取 1 个脱出物称重，记为 m_a；

②在量筒加入适量的水，记下水的刻度线体积 V_1；

③将脱出物放入量筒内，可使用玻璃棒助力使其完全进入水中，记下刻度线 V_m；

④密度计算公式：

$$\rho = \frac{m_a}{V_m V_1}$$

⑤对至少 20 个脱出物进行测量并记录，结果取平均值。

5）籽粒千粒重

对小麦籽粒的千粒重进行测量记录。

试验仪器：电子天平 JY6002，量程 600 g，精度 0.01 g。

试验步骤：

①随机选取小麦完整籽粒，称量，记录 1 000 粒数据；

②重复上述操作 4 次，结果取平均值。

6）清选工艺

小麦清选基本流程如图 7-3-1 所示

图 7-3-1　流程图

筛选的工艺流程分为:圆筒筛滚动与振动筛振动清选两个过程。圆筒筛清选在筛分过程中筒筛会旋转,使物料在筛筒内不断滚动与颠簸,较大的杂质会被留在筛孔上方,较小的杂质和物料则会穿过筛孔落到筛下部;双层振动筛清选的关键是配备筛孔大小递减式的筛网,进行筛分时,颗粒大小符合要求的籽粒会通过筛孔落到筛下部,而较大的杂质则留在筛面上。

风选主要依据物料颗粒的形状、密度、大小等特性,利用气流对物料产生的阻力差异,实现物料与杂质的分离。风选设备主要分为三种:

①垂直吸风道,利用垂直气流对物料产生的阻力差异进行分离;②循环吸风分离器,利用旋转气流中的离心力对物料进行分离;③圆筒吸风分离器,它是一种结合圆筒筛与风选功能的装置,利用气流从外向内穿过圆筒筛网对物料进行分离。

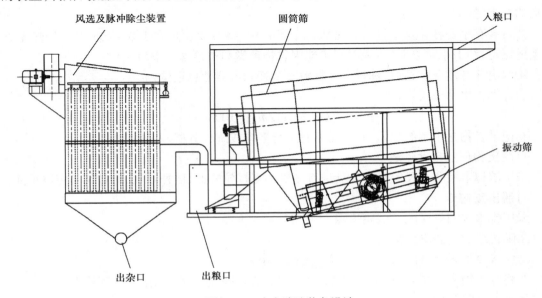

图 7-3-2　小麦清选装备设计

针对小麦籽粒中的霉变与残缺颗粒,可以使用基于机器学习算法实现识别与剔除。

7.3.2　小麦复合清选装备设计

在圆筒筛滚动、振动筛振动复合的清选作业下,加入负压风选和霉变与残缺小麦精选装置,达到对小麦精细化清选的目的。

1)圆筒筛

圆筒筛主要由固定件、外筛网、通轴、内筛网、电机等组成。外筛网与内筛网之间焊接零件固定,且筛网外圈固定钢圈以防止筛网脱落,内外筛网共用一个电机,电机安装链接内筛网圆心结构钢延伸处,通过联轴器带动圆筒筛转动。

圆筒筛各项参数及技术要求见表7-3-1。

表 7-3-1　外筛及内筛尺寸

	长度（mm）	直径（mm）	筛孔（mm）			材料
外筛	3 000	1 500	8			Q235
内筛	3 600	700	14	12	10	Q235

圆筒筛的转速计算：

$$n_1 = \frac{30\sqrt{g}}{\sqrt{R}}\sqrt{\cos\alpha\sin\theta}$$

当圆筒筛到达临界转速 n_c 时，小麦将紧贴筒壁不再落下。此时，$P=G\cos\alpha$，$\theta=90°$，$\sin\theta=1$，从而得到临界转速 n_c。理论上，圆筒筛的工作转速为极限转速的 0.8 倍，即 $0.8n_c=n_1$。

电机通过中心通轴带动圆筒筛转动，电机轴的偶矩计算公式：

$$\{M_e\}_{\text{N·m}} = 9\ 549\ \frac{\{P\}_{\text{kW}}}{\{n\}_{\text{r/min}}}$$

2）振动筛

振动筛主要包括清选室、筛网、筛架、出杂板、支架、驱动机构、调速电机、变频器等。

小麦复合清选装备中的振动筛是上筛与下筛结合的双层振动筛，其主要参数见表 7-3-2。

表 7-3-2　筛网尺寸

	规格（mm）	振动电机（kW）	筛网电机（kW）	筛孔（mm）			材料
下层筛网	2 200×2 400	2×0.75	2.2	3			Q235
上层筛网	2 200×2 400			18	15	13	Q235

3）风选装置

主要部件有离心风机、分选室和集尘装置，风选装置的长、宽、高设定为 1 500 mm×300 mm×900 mm。

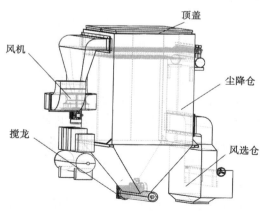

图 7-3-3　风选结构图

为确保物料在轴向传输过程中的顺畅进行，搅龙必须满足轴向传输力大于轴向阻力的要求。即：

$$T\cos\beta > F_f\sin\beta$$

其中,F_f 为螺旋叶片与物料之间存在摩擦力;β 为螺旋叶片的螺旋升角;α 为物料与螺旋叶片摩擦角。

螺旋输送搅龙的推运量 Q 计算公式:

$$Q = \gamma K_t \psi_t \pi \left(R_1^2 - r^2 \right) \frac{sn}{60}$$

搅龙倾斜安装系数见表 7-3-3。

表 7-3-3　搅龙倾斜安装系数

搅龙轴与水平的夹角	0°	10°	20°	30°	40°	50°	70°	80°	90°
系数 K_t	1.00	0.80	0.65	0.58	0.52	0.48	0.40	0.34	0.30

4) 小麦霉变与残缺识别装置

小麦霉变与残缺图像识别装置是在复合清选装备的基础上,设计外接一个小麦霉变与残缺图像识别装置,它是基于机器学习算法对小麦图像特征采集,经过机器学习模型可快速识别出霉变和残缺小麦。

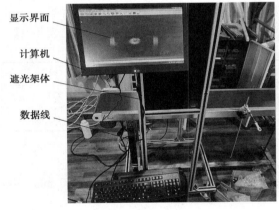

（a）外部　　　　　　　　　　　　　（b）内部

图 7-3-4　小麦霉变与残缺识别装置

5) 输送装置

输送装置由输送带、挡板、驱动滚筒、调心托辊、支架、脚轮、电机、变频器等组成。采用普通平面型 PVC 输送带(厚度为 2 mm)作为输送装置,其宽度根据清选室尺寸设计为 450 mm;输送带支架设计包括水平段和倾斜段两部分,通过连接板将两段连接在一起,可在 20°水平向下范围内调整倾斜段角度,水平段长度设计为 2.8 m,倾斜段长度为 1.2 m;电机驱动输送带,并利用变频器控制电机转速,进而调节输送带速度。

6) 脉冲除尘装置

由箱体、风机、电机、清灰装置、电磁阀、滤袋等组成的脉冲除尘装置,其箱体结构尺寸为 2 m×1.2 m×2.5 m(长×宽×高),进出口的风道尺寸为 400 mm×400 mm;设备内装有 10 个悬挂式滤袋,每个尺寸为 1 500 mm×400 mm,滤袋与布袋架间距为 80 mm;脉冲除尘器内部配备脉冲喷吹系统,包含电磁阀、喷吹管和喷吹嘴,通过时间控制器和压力传感器对脉冲喷吹系统进行控制,确保喷吹时间和压力的稳定性。

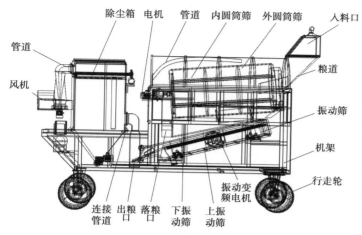

图 7-3-5　分选装置实物

7.3.3　清选试验

设计圆筒筛试验,分析转速与倾角对清选质量的影响;设计风选试验,分析风机风速风量控制大小和喂入量对清选质量的影响;设计清选装备整体工作性能试验。

1) 圆筒筛试验

设置输送带的速度,根据输送带长度和喂料时间设置单位时间的喂入量,保持不变。接下来,按比例分别称取籽粒、茎秆和杂物,记录试验前小麦籽粒的总质量 m_1,然后将它们混合后,均匀放在输送带上。试验结束后记录物料总质量 m_0、小麦籽粒总质量 m_2,小麦清选装置的含杂率 Y_Z、清选损失率 Y_S 计算公式:

$$Y_Z = 1 - \frac{m_2}{m_0} \times 100\%$$

$$Y_S = 1 - \frac{m_1 - m_2}{m_1} \times 100\%$$

选取圆筒筛转速为 9 r/min、12 r/min、15 r/min、21 r/min、27 r/min、33 r/min,其他因素取中间值,选取筛分效率与含杂率作为试验评价指标,进行圆筒筛转速的单因素试验,每组进行重复三次试验,记录数据。经过综合分析对比,确定圆筒筛的转速为 15 r/min。

表 7-3-4

圆筒筛转速 (r/min)	第一次		第二次		第三次	
	筛分效率(%)	含杂率(%)	筛分效率(%)	含杂率(%)	筛分效率(%)	含杂率(%)
9	82.1	8.8	81.3	9.1	82.0	8.8
12	82.6	8.4	81.5	8.6	82.3	8.5
15	84.0	7.7	83.6	7.9	83.9	7.6
21	84.7	7.9	84.9	8.4	84.5	8.0
27	83.3	8.4	83.0	8.7	83.3	8.6
33	83.1	9.1	84.2	9.0	82.8	8.7

选取圆筒筛倾角分别为3°、5°、7.5°、10°、15°,其他因素取中间值,选取筛分效率与含杂率作为试验评价指标,进行圆筒筛倾角的单因素试验,每组进行重复三次试验,记录数据。经综合分析对比,选择圆筒筛倾角为7.5°。

表 7-3-5

圆筒筛倾角	第一次		第二次		第三次	
(°)	筛分效率(%)	含杂率(%)	筛分效率(%)	含杂率(%)	筛分效率(%)	含杂率(%)
3	79.0	9.7	78	9.5	80.0	10.1
5	83.4	8.6	82.5	8.4	82.9	8.5
7.5	86.8	7.3	86.7	7.1	86.9	7.6
10	84.4	8.2	84.9	8.4	84.5	8.0
15	91.0	12.0	90.5	11.2	90.8	11.8

以倾斜角度和转速为试验因素,设计二因素三水平正交试验。

表 7-3-6

水平	因素	
	转速(r/min)	倾角(°)
1	12	5
2	15	7.5
3	21	10

试验结果:

表 7-3-7

序号	转速(r/min)	倾角(°)	清选效率(%)	含杂率(%)
1	1	1	84.3	7.03
2	1	2	85.1	8.12
3	1	3	88	8.45
4	2	1	76.2	7.85
5	2	2	87.1	8.66
6	2	3	78.8	7.99
7	3	1	77.5	7.78
8	3	2	72.6	8.41
9	3	3	80.2	9.01

利用 Design-expeit 软件对试验结果进行分析,得到圆筒筛装置在转速为 15 r/min,倾斜角度为 7.5°进行小麦清选作业时,工作性能稳定。

2) 悬浮速度测量试验

由于小麦的各个部分的质量不同,设计了分段悬浮试验:称取小麦及其他轻杂各 10 g,并均匀铺撒在盛料网上,关闭投料门,将毕托管移至测点位置。

试验装置如图 7-3-6 所示。

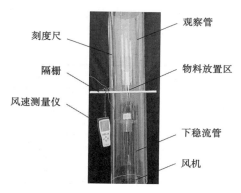

图 7-3-6　悬浮测量试验

悬浮第一阶段:缓慢转动变频器旋钮,观察锥形观察管内悬浮情况,待大约 1/3 待测物料悬浮在观察管内某一高度范围时,停止转动旋钮;记录风机转速、流速 v_0 和物料密集悬浮的高度范围 $[x_1, x_2]$;对不同测点所测的流速取平均值,记为 $\bar{v}$;根据流量一定的原则,观察管内某一高度下的流速:

$$v_f = \bar{v} \left(\frac{R_2}{R + H \tan \theta} \right)^2$$

悬浮第二阶段:将风机转速稍微调高,使剩余的待测物料悬浮在观察管内;重复记录风机转速、流速和物料密集悬浮的高度范围,以及各测点的流速。

悬浮第三阶段:将风机转速继续调高,使剩余的待测物料悬浮在观察管内;重复记录风机转速、流速和物料密集悬浮的高度范围,以及各测点的流速。

3) 风选装置试验

吸杂风机采用吸入型通用离心式风机,分离清选系统内气流工作速度应当不大于小麦的最大悬浮速度 v_0(取值 7.79 m/s),吸杂风机风压全压计算公式:

$$h_q = h_j + h_d$$

$$h_j = \frac{\xi / \rho v_0^2}{2r1g} + \frac{\psi \rho v_0^2}{2g} + \frac{\lambda \rho v_0^2}{2g}$$

$$h_d = \frac{\rho v_0^2}{2g}$$

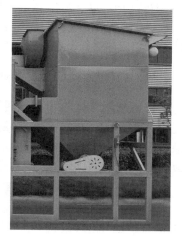

图 7-3-7　风选装置实物

式中,h_q—风机风压全压,Pa;h_j—静压,克服空气在流动中的阻力,Pa;h_d—动压头,Pa;ξ—气流摩擦因素;r—风管水力半径,m;ρ—空气密度,取 1.2 kg/m³;g—重力加速度,m/s²,为 9.80 m/s²。

吸杂风机转速计算:

$$n = \frac{60}{\pi D}\sqrt{\frac{h_d g}{\varepsilon p}}$$

式中,n—吸杂风机转速,r/min;D—吸杂风机叶轮外径,一般为 250 mm ~ 400 mm;ε—计算系数,为 0.35 ~ 0.40。

以风速与喂入量作为试验因素,设计二因素三水平正交试验。

试验方案与结果见表 7-3-8。

表 7-3-8

序号	风速(m/s)	喂入量(kg/s)	损失率(%)	含杂率(%)
1	1	1	1.23	2.87
2	1	2	1.29	2.79
3	1	3	1.47	2.68
4	2	1	0.97	1.43
5	2	2	1.04	1.37
6	2	3	1.12	1.29
7	3	1	1.89	1.17
8	3	2	1.93	1.11
9	3	3	1.99	1.03

4)清选装备整体工作性能试验

试验材料:800 kg 经联合收割机收获的小麦。

小麦复合清选装备各部分最佳工作参数:圆筒筛的转速与倾角的最佳组合为转速 15 r/min,倾斜角度为 7.5°;振动筛筛网尺寸采用 2 200 mm×2 400 mm,使用 0.75 kW 振动电机和 2.2 kW 的筛网电机;风选装置调节固定风速为 6.5 m/s,喂入量为 1.1 kg/s。

以小麦的含杂率与籽粒的损失率为试验指标,进行小麦复合清选装备的整体工作性能试验。

7.3.4 霉变残缺小麦识别

将机器学习算法和神经网络模型应用到小麦图像的采集、预处理和特征提取,采集无霉无缺、无霉有缺、有霉无缺、有霉有缺四种小麦籽粒,建立数据集,并对四种图像进行灰度化、滤波处理;再根据四种类型的小麦籽粒进行颜色特征、纹理特征提取,获得小麦籽粒数据,抽取其中部分作为训练集,剩下部分作为测试集,使用 SVM 模型对数据集中进行识别。

1)小麦图像采集与预处理

采集了小麦样本 300 粒。其中无霉变无残缺小麦 200 粒,霉变无残缺小麦 50 粒,无霉变残缺小麦 25 粒,残缺霉变小麦 25 粒。

图像采集平台由摄像头、计算机和环形 LED 光源组成。计算机通过 USB 连接摄像头。在环形光源下,摄像头采集的图像分辨率为 720×1 280,并保存作为小麦图像数据集。

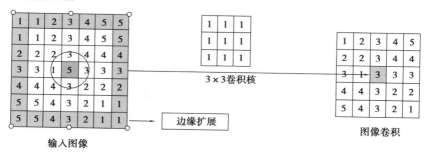

（a）无霉有缺　　　**（b）无霉无缺**　　　**（c）有霉无缺**　　　**（d）有霉有缺**

图 7-3-8　小麦样本

（1）图像灰度化

灰度化有以下三种方法：

最值法：$Gray(i,j) = \max\{R(i,j), G(i,j), B(i,j)\}$

平均值法：$Gray(i,j) = \dfrac{R(i,j)+G(i,j)+B(i,j)}{3}$

加权平衡法：$Gray(i,j) = \alpha * R(i,j) + \beta * G(i,j) + \gamma * B(i,j)$

通过灰度化效果比较，加权平均值法进行灰度化处理可以帮助在后续的特征提取和分类过程中实现更好的识别效果。

（2）图像滤波处理

3×3卷积核

边缘扩展

输入图像　　　　　　　　　　　　　　　　　　　　　　**图像卷积**

图 7-3-9　滤波算法

①在图像上选取一个以(i,j)为中心点的$m{\times}n$卷积核窗口；

②将窗口内的像素值与对应的卷积核系数相乘，然后求和；

③将求和结果作为新的中心点(i,j)的像素灰度值；

④移动卷积核窗口至下一个像素点，并重复上述过程，直至遍历整个图像。

2）小麦图像特征提取

RGB 颜色特征提取常采用以下三阶矩：

①一阶矩：
$$\mu_i = \frac{1}{N}\sum_{j=1}^{N} p_{i,j}$$

②二阶矩：
$$\sigma_i = \left(\frac{1}{N}\sum_{j=1}^{N}(p_{i,j}-\mu_i)^2\right)^{\frac{1}{2}}$$

③三阶矩：
$$s_i = \left(\frac{1}{N}\sum_{j=1}^{N}(p_{i,j}-\mu_i)^3\right)^{\frac{1}{3}}$$

将采集的小麦原始图像从 RGB（红绿蓝）色彩空间映射到 HSV（色相、饱和度、亮度）色彩空间可以更有效地提取和分析小麦的颜色特征。

灰度共生矩阵（GLCM）纹理特征提取常使用以下五种特征统计量：

①对比度：
$$CON = \sum_{n=0}^{L-1} n^2\left\{\sum_{i=0}^{L-1}\sum_{j=0}^{L-1} P^2(i,j;d,\vartheta)\right\}$$

171

②二阶矩： $$ASM = \sum_{i=0}^{L-1} \sum_{j=0}^{L-1} P^2(i,j;d,\vartheta)$$

③熵： $$ENT = - \sum_{i=0}^{L-1} \sum_{j=0}^{L-1} P(i,j;d,\vartheta) \log_2 P(i,j;d,\vartheta)$$

④逆差矩： $$IDM = \sum_{i=0}^{L-1} \sum_{j=0}^{L-1} \frac{P(i,j;d,\vartheta)}{1+(i-j)^2}$$

⑤相关性： $$COR = \frac{\sum_{i=0}^{L-1} \sum_{j=0}^{L-1} ijP(i,j;d,\vartheta) - \mu_1\mu_2}{\sigma_1\sigma_2}$$

3）GWO-SVM 识别模型

以参数 c、g 为寻优对象,SVM 分类错误率为的适应度函数值,构建 GWO-SVM 小麦识别模型算法:

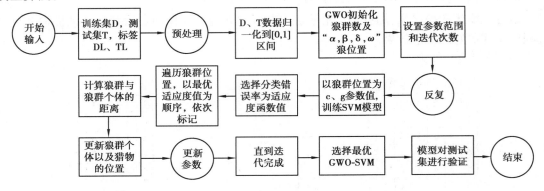

图 7-3-10　处理流程图

7.4　基于北斗定位和视觉识别的果树喷涂智能机器人

7.4.1　案例简介

　　针对我国果树管理相对国外落后,果树涂白及肥料滴灌、农药喷洒绝大多数依赖人工、耗时耗力、人工成本极高的难题,进行基于北斗定位和机器视觉的果树喷涂智能机器人的概念设计。该设计自动化程度高,拥有北斗定位系统,可准确识别特定范围内的树木,附带 WIFI模块,通过电脑远程操控,实现自动规划路线、智能测距、智能分析、自动调节喷头等工作,进行果树全自动喷涂,并可以通过机器上的摄像头实时监控喷涂流程。机器人带有操作屏幕,可近距离手动操作,且只需放入原材料,根据设定程序调整为最佳状态,可以实现自动搅拌。同时,配备太阳能板,可自动跟随太阳变换角度,以充分接收太阳能,拥有较高的机器续航能力及人工控制能力。

7.4.2　主要创新点

　　①采用北斗跟踪定位系统,可以准确定位需要喷涂的树木,方便远程操控,智能寻迹避障,全地形履带,牵引力大,深翻负重作业优势明显,通过性和爬坡能力较强。

　　②智能视觉搅拌喷涂系统,利用超声波反弹让机器产生视觉效应,精确把控与果树距离,

控制搅拌速度,在喷涂过程中智能测距,并通过摄像头智能分析树木尺寸,调节喷头大小与流速,喷涂效果好。

③智能化远程控制系统,机器人通过 WIFI 模块,可以连接网络,拥有自己的数据库,在使用过程中,可以通过电脑远程操控,实现智能化管理。

7.4.3　关键技术和主要技术指标

关键技术包括北斗定位系统、WIFI 模块、联网数据库以及智能测距。其中,北斗定位与WIFI 模块主要是为实现远程操作,北斗定位系统可以通过远程定位,准确把握树木位置,避免遗漏或重复喷涂;联网数据库,可以在喷涂的同时收集树木信息,并记录在数据库中;智能测距技术是通过传感器,确认周围树木位置,规划路线,避免发生碰撞以及更好的把握喷涂位置。通过关键技术的创新设计突破,实现全自动智能无人化管理,大大节省了人力,提高了生产效率,也能对果树进行全面的信息收集和精确管理,采用履带式行进方式极大提高了机器的适用范围,友好的人机交互界面,可轻松对机器的整体功能进行掌控,易于人们使用。

7.5　基于多传感融合的云端管控农情信息采集机器人

7.5.1　案例简介

随着人口老龄化趋势的发展,农业劳动力短缺的问题愈加严峻。为解决该问题,需要更多的机器人代替人工从事农业活动。本案例作品基于云端管控,可实现机器人代替人工监测农田环境,完成农情信息采集的工作。该机器人借助 5G 基站提供通信支持的云平台或移动终端控制系统进行作业路线规划,结合视觉导航、激光雷达避障等功能,完成作业。安装有风速、风向、温度、湿度、大气压强、光照强度、光合有效辐射值传感器。机器人可依据 HTTP 协议实时上传采集到的多传感器数据至云平台,形成了“云-边-端”技术的融合,为精准农业提供了新思路,节约劳动成本,为我国从事农业生产活动人口下降和农副产品需求增长的难题提供了新的解决方案。

7.5.2　主要创新点

①多传感器信息采集及传输,数据信息更全面。

②硬件结构和软件接口模块化设计,可根据具体农艺需求加装传感器。

③云平台具有成熟的数据显示及路径规划作业控件,可根据要求规划作业路径,精准采集相应农情信息,更灵活。

④相机与激光雷达协同实现视觉导航与避障,更安全。

⑤5G 基站提供云平台实时数据交互及管控,实时性更强。

⑥云平台(终端)-服务器-机器人的架构实现了“云-边-端”技术的融合,为精准农业提供了新思路。

7.5.3 关键技术和主要技术指标

（1）设计理念

设计并开发从云平台-服务器-机器人的架构，实现了"云-边-端"技术融合，可基于手机、平板等移动设备进行远程管控，为精准农业的实现提供新思路，实现足不出户的农情信息检测与管控需求。

（2）数据采集系统部分

①该部分总体设计以工业级工控机作为控制系统，通过 MODBUS-RTU 协议实现控制系统与传感器的通信，树莓派将获取的信息通过 HTTP 协议向云平台发送实时数据并进行显示；

②硬件部分包含树莓派 4B、华为工业级路由器、信息采集传感器、满足通信的线路等；

③软件设计部分采用 Python 在树莓派内部编写设计，可实现信息采集与通信功能。

（3）机器人底层控制部分

工控机与 STM32 开发版组成上下位机，两者通过 WIFI 路由器通信。前者通过 5G 基站与服务器通信；STM32 通过 RS232 与 LED 显示屏连接，同时接入激光雷达实现避障等功能。

（4）机器人云端管控部分

云平台以 web 网页的形式进行开发，可使用移动终端设备获取机器人位置信息，进行路径规划、数据显示等功能。

7.6 基于视觉导航的智能水田除草机

7.6.1 案例简介

为减轻整机质量、降低土壤压实程度，智能水田除草机机身材料选用 5052 铝合金板材，前轮驱动后轮转向，整机结构紧凑，工作稳定；摄像头实时获取秧苗图像，经过畸变矫正、特征提取、图像降噪与苗带拟合处理后提取导航线，用于指导除草机的工作状态；控制系统在 Python 语言环境下以树莓派为载体进行开发，图形化后的人机交互界面操作简单方便，有遥控驾驶和自动驾驶两种模式，以满足除草机在不同情况下正常工作。

7.6.2 主要创新点

①设计的水田除草机结构紧凑，重量较轻，功耗低。

②对水田除草轮的运移机理进行研究，搭建除草机与除草轮动力学模型，基于阿克曼转向几何，设计梯形转向机构。

③设计了图像处理方法：畸变矫正；特征提取；噪声消除；苗带拟合。

④研究上位机与下位机控制程序，设计了图形化的人机交互界面，简化操作。

7.6.3 关键技术和主要技术指标：

智能化是水田除草机的发展趋势，实现农机的自主导航是智能化农机的重要组成部分。

本小节以提高除草机智能化与灵活性、减轻农民劳动强度、降低伤苗率为设计理念,设计一种结构紧凑、重量轻的视觉导航智能水田除草机。

其关键技术包括:

①通过计算机辅助设计法,借助 Creo5.0 构建除草机三维模型,得到样机物理参数,通过 Creo 运动仿真得到关键部件的运动规律;

②对图像获取与处理过程的分析研究;

③通过 Python3.7.0+OpenCV 与树莓派开发控制系统。

7.7　玉米精量播种及其智能检测系统

7.7.1　案例简介

将玉米播种机械的两种系统相结合,电控排种系统是用电机代替地轮驱动排种器排种,消除了由于地轮打滑对排种均匀性产生的影响,提高排种均匀性。具有单粒精播和精量条播两种控制模式,由转速检测模块、电机控制模块、人机交互模块、排种监测模块和 RS-485 通信模块组成。监测预警系统利用多传感器技术、计算机技术、北斗定位技术等,实现玉米播种与施肥信息监测,如播深监测,当播深误差超过一定范围时,进行报警;通过百度地图实现播种轨迹和每粒种子位置监测,显示出漏播、重播和未施肥区域。玉米免耕播种作业质量监控系统将监测信息进行本地保存及上传到阿里云服务器中,农民通过网页终端可以全面了解到播种作业信息,实现播种作业信息全面监控。

7.7.2　主要创新点

改变排种器驱动方式。使用电机驱动排种器的方式代替地轮驱动,以消除地轮打滑对排种均匀性的影响,提高排种质量。实现播种作业速度检测、电机转速检测与控制、排种质量监测,作业人员可设定播种作业参数,当排种管堵塞或种箱缺种时,系统可发出警报。利用人机交互使用户可实现播种信息的设定,起到连接作业人员与硬件设备的桥梁作用,方便操作,提高工作效率。

7.7.3　关键技术和主要技术指标

基于 STC89C52RC 单片机设计了一套电控排种系统,可适用于玉米、小麦等作物的播种作业,系统主要由测速部分、电机控制部分、人机交互部分、排种监测部分组成。电控排种系统分为排种控制和排种监测两个部分,分别由主单片机和从单片机控制,主单片机控制器安置于拖拉机驾驶室内,利用矩阵光纤传感器和电容式接近开关实现对排种情况和种箱内种量的监测,当发生排种堵塞或缺种情况后,系统发出警报,机手可停止作业;从单片机控制器安置于播种机上,带有显示屏和独立按键,可设置播种参数,利用旋转编码器和电机自带霍尔传感器实时检测车速和电机转速,完成电机闭环控制。主机和从机之间的信息传递通过 RS-485 通信实现,排种控制和排种监测两个部分共同完成作业。

7.8 茶园智能中耕管理装备

7.8.1 案例简介

近年来,我国茶叶的种植面积、产量、出口量均呈持续增长态势,经济效益增长显著。然而,传统丘陵山区的茶园管理仍以人力作业为主,茶园的松土施肥机械发展尤其落后,导致耗时、费力、效果不佳。而茶园松土和施肥属于茶园管理中的重要环节,其机械化发展的落后严重制约了茶产业的可持续发展。因此,针对以上问题,根据茶园松土施肥的农艺要求,设计了一种茶园智能开沟施肥覆土一体机,进行一次耕作,可同时实现开沟、施肥和覆土等作业。在进行开沟作业时,仿形限深装置可随地形变化而保持一定的开沟深度,保证开沟深度的均匀;施肥采用螺旋绞龙输送及外槽轮排肥器两种,实现兼施有机肥及化肥,合理搭配使用化肥和有机肥能够保护环境、改善土壤特性、提高茶园产量与品质,此外在施肥管处安装肥料检测装置,通过信号反馈可检测是否正常排肥及有无肥料堵塞。由于茶树在种植时便确定了种植行距、株距等,为避免肥料浪费造成经济损失、效果不佳和污染环境,设计了以北斗/GPS双模差分定位系统采集整机的前进速度,根据定位系统提供的速度、位置信息实时调节排肥转速,从而实现排肥器转速与整机前进速度的实时匹配,以期达到精确施肥的目的。最后覆土装置进行覆土,起到及时保护肥料、减少劳作的作用。

7.8.2 主要创新点

①将三种常用的茶园管理集中到一台机器上,可同时实现开沟、施肥以及覆土功能,大大减少了劳动时间,提高了效率,使得经济效益显著提升。

②设计了仿形限深装置,它可使开沟施肥覆土机能随地形变化而保持一定的开沟深度,保证开沟深度均匀。

③在北斗/GPS双模差分定位导航系统的协助下,采用一种新型精准施肥模式,节约了大量的肥料,保护了环境以及土壤。

④安装了肥料检测装置,避免了在施肥过程中出现无肥料而不自知、漏施等现象。

7.8.3 关键技术和主要技术指标

(1)关键技术

①三个功能集结到一台机器上,能够协同工作,传动系统的设计,开沟刀刀型选择以及刀片分布等;

②施肥过程中肥料的检测装置,以及利用北斗/GPS双模差分定位系统测速的茶园精准施肥控制系统;

③开沟时能保证开沟深度均匀的仿形限深装置。

(2)技术指标

①开沟装置的参数设计,包括开沟刀的直径、转速、形状以及分布;

②施肥装置的参数设计;

③GPS/北斗接收器采集的机具行走速度时间和落肥时间与肥点的匹配。

7.9　山地大豆智能数字化控制播种机

7.9.1　案例简介

设计了一种采用电动车通用电池为动力适合在山地、丘陵等小地块作业的大豆智能数字化控制播种机。该机播种控制系统采用地轮与 GPS 的比较测速系统测定机组实际作业速度进行株距控制,由测速系统、主控模块、驱动模块及带反馈的排种器驱动电机等组成。采用 PWM 信号及 PID 算法,通过电机转速的反馈,计算误差,据此误差进行精确控制,使播种株距更加均匀,正常作业速度范围内平均株距误差低于3%。采用高亮 LED 数码管显示屏功能可以进行株距、行距修正,播种参数、亩数累计、每亩株数、速度、报警路数、地轮 GPS 信号有无等参数在显示屏上都是独立显示,互不影响。通过智能遥控装置控制播种机启动、变速、停止、转向等功能,方便不同层次农村劳动力的使用。

7.9.2　主要创新点

①由地轮与 GPS 比较测速系统进行测速,可以确保测速准确,减少打滑等对株距造成的误差。

②采用特制的编码器直接由地轮轴获取作业速度,减少了编码器在复杂农田环境的故障率。

③采用 PWM 信号及 PID 算法获取信号控制带反馈的电机驱动排种器,实现大豆株距动态可调,满足精密智能数字控制播种。

7.9.3　关键技术和主要技术指标

采用蓄电池作为动力,整机质量轻,减少了碳排放和噪声污染,符合绿色环保理念。大豆品种、用途多元化带来了播种农艺要求的多样性,智能变量播种装置实现了依据即时测定的作业速度通过适当的程序控制实现可控的播种株距,即播种量的控制,并可同时实时监控播种机作业质量、在播种发生故障时及时报警,实现一机满足大豆多种播种量自动化智能化作业,为依据地理信息与农艺播种要求实现变量播种提供了部分功能,对解决当前我国大豆振兴计划前提下精密播种智能装备发展具有非常深远的意义。

7.10　钵苗移栽机全自动喂苗装置

7.10.1　案例简介

基于 PLC 技术,研发了一种全自动喂苗装置,该装置可同现有的半自动移栽机配套使用,实现了移栽机由半自动向全自动升级。该装置融合了机电气多元控制方式,可通过集成控制系统控制送苗机构、移盘机构和末端执行机构之间协同运作,自动完成取苗、送苗和投苗作业,喂苗效率达到 9 000 株/小时,控制精度高,协调配合能力强,而且装置中对机械手的柔性设计降低了钵苗的受损率。通过调节装置参数及 PLC 程序还能够满足不同作物的穴盘规格、株距、行距等农艺要求及安装于其他类型的半自动移栽机上,适应性高。漏苗报警器的安装可以实时监测是否有缺苗情况,及时进行补苗。

7.10.2 主要创新点

本装置采用机电气多元融合技术,控制送苗机构、移盘机构和末端执行机构协同运动,可连续自动完成取苗、送苗和投苗作业,而且该装置具有良好的适用性,通过调节装置参数和 PLC 程序可满足不同作物的苗盘规格、株距、行距、栽植深度等农艺要求及安装于不同类型的半自动移栽机上,与半自动移栽机配套使用,实现移栽机的全自动化,并且漏苗报警器的安装能够实时监测是否存在缺苗情况并及时提醒人工进行补苗。

7.10.3 关键技术和主要技术指标

①对蔬菜苗的物理机械特性进行研究,包括外形尺寸的测定、夹取所受的最大拔取力和压力试验以及含水率的测定。

②采用 Solidworks,Ansys 等工程软件,对喂苗装置的末端执行机构、送苗机构和移盘机构三维建模,并对关键部件优化设计,缩短设计周期。

③对相关设备及电动和气动控制方式等内容进行研究,确定取投苗机械手的开合与移动以及穴苗盘移动的控制方式。

④进行 PLC 程序的编写与调试,完成与气动和电动控制的连接,实现株距、行距、栽植深度及栽植速度的可调。

⑤安装漏苗报警器,实时监测喂苗后苗杯是否出现缺苗情况,能够及时提醒人工补苗。

7.11 设施温室智能蔬菜栽植机

7.11.1 案例简介

近些年我国设施蔬菜面积、产量一直都在不断扩大,其中温室大棚的种植范围最广。但由于作业空间有限,传统农机无法进入作业。为了解决设施蔬菜移栽环节,移栽机无法很好进入大棚作业的问题,将整机的高度限定在 0.9 m 以内,并且拥有完整的栽植部件和行走功能。机器由驱动系统、栽植机构、苗盘组件和机架行走系统四部分组成,其中电驱动系统由蓄电池供电,通过 PLC 控制器驱动电机与栽植机构;优化的栽植机构采用五连杆机构模型,鸭嘴栽植器开合采用凸轮摆杆机构,并且经过了运行轨迹筛选,具有很好的稳定性。该智能蔬菜栽植机去掉了人工座位,机器工作完全由手机 APP 控制,减轻了工人的操作量。机器前方还装有传感器,保证了机器沿直线行进。

7.11.2 主要创新点

①机身小。机器高度 800 mm,长度 17 000 mm,宽 700 mm。在保证完成正常的栽植效果

的同时,大大减小了移栽机的体积。

②无污染。机器将以往柴油驱动改为电力驱动,采用蓄电池供电,清洁环保。

③栽植效果可控。将机器与 APP 结合,可直接在 APP 上设定株距、行距以及机器行进速度。在多台机器同时工作的情况下,还可以在移动端 APP 上看到机器所处的位置。

7.11.3　关键技术和主要技术指标

(1)关键技术

①所移栽钵苗成活率高;

②连续、中速移栽作业;

③栽植时按照预定轨迹行进,按照预定栽植顺序进行栽植作业。

(2)主要技术指标

①栽植器的栽植频率≥45 株/min;

②符合零速投苗原理,并满足 α≥1 的栽植轨迹要求;

③苗的直立率可达98.75%以上,栽植深度合格率达到97.83%,成活率达94.4%以上。

7.12　激光对射式大蒜正芽监测与播种装置

7.12.1　案例简介

激光对射式大蒜正芽监测与播种装置,可通过外部驱动带动装置移动实现播种。工作时,人工将蒜种投入取种箱,拨动开关使机器运行。电机带动取种装置的链轮链条转动使取种爪匀速取种,当蒜种落入正种管道上部管路时,蒜种会掉进两个半漏斗型拨片中,由红外对管传感器判断蒜种是否落入,激光对射传感器判断鳞芽的位置,根据两个传感器反馈的信号决定打开哪侧拨片,即若鳞芽向下需要正种则蒜种落入下部正种管道,由步进电机带动转轮旋转进行正芽,若鳞芽向上则直接经管道落入播种装置。播种装置是由直线往复推拉电机带动打穴器进行打穴,蒜种落入穴中完成播种。初设速度以后,本装置能自动稳定运行。

7.12.2　主要创新点

①单粒取种。为了实现蒜种的单粒取种,我们采用了一种特殊的取种勺,保证了每次取种不会多取、漏取,并能通过取种速度实现种植行距与间距的调节。

②特殊结构的正芽装置。我们设计了一种锥形正芽装置,直立落入正芽斗的蒜种会直接落入播种装置,倒立进入正芽斗的蒜种,经过传感器对芽尖的检测,对倒立的蒜种进行正芽,然后落入播种装置。

③独特的播种装置。我们采用一种锥形的打穴器进行打穴,加快了播种速度,节省人力。

7.12.3　关键技术和主要技术指标

本装置采用 STC 公司的生产的一种低功耗、高性能 CMOS8 位微控制器作为控制中枢,当 E3F-20L 激光对射式传感器和红外对管发射接收传感器接收到信号时,给步进电机及舵机发送控制信号予以转动,以达到蒜种的正芽目的。大蒜正芽播种装置主要由机架、数据收集系统、数据处理系统组成。数据收集装置由 E3F-20L 激光对射式传感器和红外对管发射接收传感器组成,数据处理系统采用 STC 公司的 STC89C52 微控制器,软件部分由 Keil uVision5 编写的程序来整合。当装置工作时,由 86 步进电机带动的传动装置为机体提供动力,蒜箱里的蒜种会被勺链式取种装置传送到上部管路,蒜种进入上部管路后,由 E3F-20L 激光对射式传感器和红外传感器判断蒜种的鳞芽朝向,进而确定舵机的打开方向,如果鳞芽方向朝下,蒜种将进入到下种管路进行正芽,转轮里的步进电机转动 180° 完成正种,并将蒜种滑落至出口进入由播种装置完成打穴的穴中。

7.13   基于玉米叶病虫害图像识别的智能施药四旋翼无人机控制系统

7.13.1   案例简介

植保无人机作为一种新兴的农业机械设备,具有作业效率高、机动性能好、安全稳定性高等优点,目前得到了越来越广泛的应用。为了保证农药喷洒精准化,前期的病虫害精准定位就显得尤为重要。因此,建立起一套快速、便捷、高效的系统来识别病虫害区域是非常有意义的,此作品选择了基于 Faster R-CNN 的玉米病虫害图像检测模型,实现了病虫害的精准定位,为植保无人机的精细化作业提供了技术支撑。在以 pixhawk 飞控为核心的基础上,设计一款基于四旋翼植保无人机以图像识别和智能施药为主的植保系统,此植保无人机能稳定地执行自主巡航、智能避障、图像采集、智能喷洒等任务。

7.13.2   主要创新点

在植保无人机基础上的进行改进设计,主要添加了病虫害识别和智能施药等两个主要功能。识别的玉米叶病虫害类型:大斑病、小斑病、锈病。识别精度可达 83%,可实现精确定位,为精准施药提供基础。智能施药是指在每个病虫害发生点施药 10 s,确保全覆盖,同时利用液位传感器实时检测药量信息,实现缺药时及时报警及时返航。

7.13.3   关键技术和主要技术指标

(1)关键技术
病虫害发生点的精确定位、缺药信息的实时反馈、地面站与飞控之间的无线通信。
(2)主要技术指标
病虫害识别率 95% 工作效率 180 亩/小时使用期限寿命大致为 8~10 年,平均年工作 90 天,平均日工作 8 小时,检修周期大概为三月一次。

7.14　基于图像处理的农田虫害识别捕捉器

7.14.1　案例简介

装置依据不同的季节调节太阳能板的角度和方向,通过设立相应的光敏传感器可以有效地通过光线的强弱进行自动开启,减少了相应的人工强度。通过提前做好的害虫数据信息,利用图像获取:基于 HSV 模型的害虫图像分割技术,将害虫信息进行数字处理和图像处理,在工作运行阶段,采用无线传感器网络技术构建所有诱捕器的控制网络信息综合系统,对监控区域的飞虫进行综合诱捕,避免了传统单点式诱捕装置造成的飞虫定向迁移、杀虫区域不全面等问题。通过系统分析的结果,对可能大面积爆发虫害的预警信息及时通过 APP 告知用户,生成害虫种类、数量、防治措施,同时进行生动的科普宣传,增加产品使用的灵活度。产品还可以将农田湿度温度等气候条件报告给农户。

7.14.2　主要创新点

通过系统分析的结果,对可能大面积爆发虫害的预警信息及时通过 APP 告知用户,并且进行病虫害信息科普,采取辅助措施,大大降低虫害风险,确保农作物的增产增收。依据不同的季节调节太阳能板的角度和方向,通过设立相应的光敏传感器可以有效地通过光线的强弱进行自动开启,减少了相应的人工作业强度。

7.14.3　关键技术和主要技术指标

智能型飞虫诱捕系统,包括 1 个用于捕获视频的摄像头、1 个用于照明的发光二极管以及用于诱捕病虫害的保护外壳。检测装置中部为长方体摄像头保护壳,其顶部有 1 个钻孔用来安放玻璃漏斗,顶部左下角内侧装有发光二极管用来照明,右侧内壳壁装有摄像头并打有线槽引出摄像头电源,底部有一钻孔用来让漏斗穿过。检测装置上部为诱捕圆盖,用玻璃胶与中部连接密封防水,盖子底部开有 3 个钻孔让害虫能够爬入装置并通过漏斗最终到达装置下部的诱捕瓶。检测装置下部为诱捕瓶,用塑料螺纹与中部相连接组装,瓶底安放诱捕剂散发气味吸引害虫爬入,整个瓶身可以用来储存诱捕到的害虫。装备的太阳能供电装置系统架构主要包括单晶硅太阳能电池板、阀控式密封高能铅酸蓄电池、太阳能充放电智能控制器、太阳能板支撑架等设备。

7.15　太阳能智能除草机器人

7.15.1　案例简介

伴随着农业产量与规模需求的增加,在农村的大部分地区,传统的除草装置已经不能满足农产业的大规模管理,所需要的除草费用不菲,解决农作物的除草问题已成为当务之急。

为降低割草作业的劳动强度和成本,加强管理效率,该项目利用 PLC,红外传感等技术控制智能机器人通过自动避障功能对田间的杂草进行切割留茎喷药,以此来充分利用除草剂达到效益最大化。另外,该机器人采用锂电池和太阳能板双重供电方式,可有效提高机器人的续航能力,提高工作效率,不仅绿色节能,还降低了成本,符合未来农业机器人的发展方向。

7.15.2　主要创新点

①根据程序设定的轨迹避开农作物进行固定范围内的除草以及除草剂喷洒,当识别到障碍物时会在 0.5 s 内做出顺时针旋转 45°偏移转向避开障碍物。

②太阳能充电,提高续航能力。在使用过程中由太阳能板持续充电,以此提高续航能力。

③针对难除杂草进行底部根除。通过电机使其运动,实现割草功能,在草的断茎上喷洒除草剂,使其药效最大化。

④远程操控。通过物联网技术,实现该系统的远程控制,免去农户来回奔波,让田园除草变得简单化、自动化,便捷利民。

7.15.3　关键技术和主要技术指标

①集施药和控制于一体,系统自动按比例将水与除草剂混合为混合液,根据决定药剂浓度,最大程度地满足用户的要求。

②物联网技术与现场设备接口通信技术。

③采用先进的智能传感技术、PLC 技术、计算机控制技术,既可以实现自动避障保护机身刀片不受损害,又能提高作业时的安全性,操作简便,性能可靠。

④有手动控制和自动控制两种模式,可随意切换,方便用户使用。可实现手机远程连接控制,并且可以远程监控。

⑤专门针对难除性杂草,安全便捷,提高了农田管理的效率。

7.16　基于热成像技术的蔬菜病虫害检测与图谱绘制

7.16.1　案例简介

本项目通过基于热成像技术的蔬菜病虫害检测与图谱绘制,监测病虫害,精确定位发生源,为后续进行农药喷洒防治提供辅助信息,对解决人民菜篮子问题具有直接影响。

该装置由以下主要部分组成:

①步进电机行间行走装置设计:电源提供动力来源,步进电机转动后通过传统系统将动力传递给车轮,从而驱动整机进行前进后退运动。

②基于卷积神经网络的热成像检测装置:由热成像检测仪、显示器等组成,用于蔬菜病虫害检测和实时显示。绘制成红外辐射能量分布,反馈到红外探测器中的光敏电阻内,形成红外热像图。

③控制系统的设计:采用 AT89C52 的单片机,结合控制系统,用于行间行走装置的运动控制和热成像装置检测结果图片的处理。

7.16.2　主要创新点

①采用步进式电机,将电脉冲信号转化为角位移或线位移,通过改变电脉冲的顺序、频率和数量,来控制速度和转向。

②通过热成像仪系统与深度学习训练,可实现复杂环境下植物早期病虫在线监测与可视化,解决蔬菜早期疾病图像精准定位。

③利用单片机适用于小型自动控制及无线控制这一优点,来实现行间行走装置的运动控制和热成像装置检测结果图片的处理,性价比高。

7.16.3　关键技术和主要技术指标

①步进电机的正转反转控制了行间行走装置的前进后退,受控制系统操控完成行间行走动作。

②电动助力伸缩装置控制,已达到自动转向与倒车的要求。

③当增加图像的数据大小和复杂度时,卷积神经网络可以使用深度分类来更快地完成图像分类。

④红外热成像技术具有高灵敏性、强预警性的特点,在可见光图像不能发现受感染的生理变化时,从红外图像已能显示出感染区域与正常区域的温度变化。

7.17　基于病害信息的精准定位变量补偿式果园风送喷雾机

7.17.1　案例简介

目前果树施药奉行"冠层体积越大、密,喷量越多"的理念,但是田间生产实践发现"冠层越茂盛,其抗病能力越强,病害发病概率和程度越小",所以采集、量化果树冠层的健康情况,并反馈到变量喷施过程中是目前果园植保技术的当务之急。鉴于此,本小节开发一种基于病害信息的精准定位变量补偿式果园风送喷雾机。该喷雾机由视觉识别与定位系统、管道风送系统、精准定位补偿喷施系统等组成。首先利用管道风送系统进行低容量的防御性喷施,然后实时采集果树叶片图像信息与 yolov3 模型预测,进而判断病害等级及所需施药量,同时根据病害区域的坐标信息,动态调节喷头雾量与喷施角度,实现精准定位的补偿式变量喷施,以期实现果树植保作业的"减量增效"。

7.17.2　主要创新点

①提出设计了一种"防御性+治理性"喷施相结合的施药方式,在防御性喷施的基础上,进行精准定位的补偿性变量喷施,能够有效减少农药用量并提高农药利用率。

②实现了果树病害信息的实时判定,为果园智能化喷雾提供技术支持。采用 yolov3 神经网络,完成果树典型病害信息采集、模型训练、检测与等级判断。

7.17.3　关键技术和主要技术指标

①基于机器学习的病害实时检测技术:以叶片病斑数量、大小等为变量,统计病斑频数分

布,设计果树叶片病害程度分级评判模型。为提出有效的病害程度的划分标准,需在保证一定的冠层病害特征检测精度的前提下,以检测出参数(如病叶数量、病斑数量及大小等因素)为变量,完成对农作物病害等级的识别与分类。要求利用部分数据进行训练模型,剩余数据完成模型的评价。为了对比各模型的好坏,要求采用各等级图片的大量样本图片作为训练数据,再用若干图片作为测试数据。

②基于双目测距的病害精准定位技术对相机图像中的叶片病斑进行分级、定位,反馈坐标信息到单片机,从而动态调节喷头雾量与喷施角度。为实现对病害的精准定位的补偿性变量喷施,需通过双目测距技术实时获取病害的三维坐标信息,并将三维坐标信息和病害等级信息反馈至单片机,由单片机完成从三维坐标信息到活动臂管道风机的喷施角度的换算以及病害等级与施药量的换算,达到精准定位的补偿性变量喷施的目的。

7.18 基于人工智能的名优茶智能采摘设备

7.18.1 案例简介

本设备主要包括机器臂本体、视觉系统、夹具系统、分类收集系统、行走系统五大部分。本设备机械臂本体部分使用的是优爱宝四轴并联机器人,它具有精度高、动态性能好、结构简单等特点,同时还有后期维护简单、成本低等优势。该设备视觉系统包括茶叶嫩芽识别和机械臂定位两部分,茶叶嫩芽识别采用的是深度学习中的 YOLO-v3 算法模型,经训练可得其平均精确率为 71.96%,帧数为 30 左右,接着使用 Intel RealSense Depth Camera D435i 深度相机进行标定。本团队研制的智能夹具采用的是四指机构,为了防止夹取时对茶叶嫩芽造成破损,我们在四指末端裹上了生胶,并在四指末端安装了激光对射传感器和颜色模块,根据这两传感器所传递的信号,该夹具能进行一定的位姿调整。而分类收集系统由收集体和传送带以及 Openmv 组成,其中使用模板匹配算法作为视觉分类模型,并将其集成到 Openmv 智能相机,而收集体整体打有通孔,同时装有压力传感器、电磁铁、隔板、振荡装置等,将品质形状尚佳的茶叶均匀地收集在通风良好的箱体中。行走系统采用了直流无刷电机进行驱动,并使用了 PID 速度闭环控制调速,同时在机器左侧安装了超声波传感器使电机产生差速,以实现左右方向纠正和整机的转向。本团队研发的基于人工智能的名优茶采摘设备,不仅可用以弥补目前人工采摘效率低和劳动力缺乏等情况的不足,同时还在名优茶机采领域具有前瞻性,同时为我国无人农场、智慧农业的发展助力。

7.18.2 主要创新点

①使用 YOLO-v3 算法预测框与最小绑定矩形法相结合确定茶叶嫩芽采摘点。

②智能夹具根据传感器传递的信号,能自动进行一定的位姿调整,以增加采摘率降低空采率。

③在收集系统中,使用深度学习分类算法作为分类视觉模型,并设计了分层式通风收集箱,同时该箱体还设计了振荡装置使其茶叶均匀分布在箱体,能达到最大利用空间的效果。

7.18.3　关键技术和主要技术指标

（1）关键技术

①针对自然光线和轻微遮挡对茶叶识别的影响,我们采用了 YOLO-v3 算法作为视觉模型。

②夹具中各传感器需要大量反复调试,才能达到理想的阈值。

（2）主要技术指标

①YOLO-v3 模型在茶叶数据集上的帧数为 30 左右,茶叶识别平均精准率为 71.96% ,能达到实时采摘效果。

②通过定位误差分析,采用直线插值法进行定位误差补偿。最终可将误差控制在 2 mm 左右。

7.19　多用式智能收获分离一体机

7.19.1　案例简介

针对国内农用收获机处理农作物种类单一、智能化程度低等问题,设计一套多用式智能收获分离一体机,主要由分离装置与液压驱动装置两部分构成。分离装置主要由传动轴、挖掘铲、后抖动筛、旋转分离铲等组成,具备效率高、破损率低、运转轻快无震动、不堵草、土块分离、结构简洁、使用寿命长等优点。驱动装置采用液压驱动,其结构简单紧凑、刚度好、驱动平稳,且系统效率高,可以实现频繁而平稳的变速与换向。同时操作系统应用了 PLC 控制系统。该一体机将人工智能与机械自动化有机融合,在保质保量的前提下大大降低了劳动者的工作强度,在中小型农户地下块茎类作物收获领域具有广阔的应用前景。

7.19.2　主要创新点

①使用限位传感器和伸缩器,能够实现准确的运输定位,使得分离后的块茎作物能够准确进入收集箱,加上防滑落挡板以及振动筛土装置,实现地下块茎类作物的智能收获。

②一机多用的智能分离装置,可以将多种地下块茎农作物分别进行收获与分离处理,更加智能化和现代化。

③多种作业方式,该机与由 PLC 控制的全自动车搭配使用,实现块茎植物收获分离等多种需求。

7.19.3　关键技术和主要技术指标

①传感器进行数据采集,准确定位块茎植物的收获点和分离点,实现精准收获与分离。机具上悬挂臂与全自动车中央拉杆连接,调整机具深浅,满足不同种类农作物的挖掘深度不同的要求。

②利用 PLC 进行控制,实现全自动化,收净率大于 99% ,破皮率小于 1% 。应用限位开关,准确控制作物中间间隔,收获与分离作物更准确便捷,实现精准作业。

③搭配专用收获机传送带,并且加入振动筛土装置,保证运行过程能够更加平稳和高效。采用气压、气流、光电技术进行碎土分离并利用微机进行监控操作。

7.20　谷物收获机割台自动仿行系统

7.20.1　案例简介

以谷物收获机割台作为主要研究对象,研发了一种谷物收获机割台自动仿行系统。设计了一种浮动压紧式割台仿形机构,该系统可实时监测与自动调控割台的离地高度,不仅提高了谷物收获机的收获效率和收获质量,而且使收获机的操作更加简便,减轻了驾驶员的劳动强度,增加了割台零部件的使用寿命,对于推动我国谷物收获机的自动化、智能化、信息化进程,实现农业现代化有着重要的意义。

7.20.2　主要创新点

①设计浮动式压紧式割台仿行机构,结构合理,活动灵敏,提高了割台高度自动调控的准确性。

②系统采用改进的 PID 控制算法,相对于传统的控制算法精度更高,具有较好的准确性、稳定性和可靠性。

7.20.3　关键技术和主要技术指标

目前,国内谷物收获机自动化程度较低,谷物收获过程中,割台高度调控主要靠驾驶员的操作经验和实际作业情况手动调节,存在操控不精确、过程繁琐、驾驶员工作量大等问题。针对以上问题,在对割台工作过程研究的基础上,设计了一种谷物收获机割台自动仿行系统。该系统采用自行设计的浮动压紧式仿形机构来模拟地面起伏,结构合理,活动灵敏,提高了割台高度自动调控的准确性;此外,采用改进的 PID 控制算法,控制精度更高,控制精准,反应时间较短,能够根据不同地形,实现割台高度的自动调节,保证割茬整齐,收获效果较好。

7.21　轻量型伺服驱动柚子采摘装置

7.21.1　案例简介

轻量型伺服连杆柚子采摘装置主要由伺服连杆机械臂、切割执行器和 ROS 系统移动车体以及末端视觉识别等部分组成,该机械装置先通过运用 Solidworks 三维软件建立机器臂的三维模型,建立坐标求解出两滑块与末端的线性关系,基于 ADAMS 的机械系统运动和动力学仿真分析获得了伺服连杆机械臂的作业范围,利用 D-H 参数法和齐次变换矩阵求解机器人的正逆运动学解,位置,速度,加速度的正反解,通过 MATLAB 软件进行仿真,描绘出末端的位置、速度、加速度仿真曲线,并由 YOLO 等深度学习算法软件进行图像目标识别坐标点,最终由三菱 FX5U 可编辑控制器控制机体的定位运动,达到作业效果。

7.21.2　主要创新点

①开发多自由度末端夹持器调整与定位装置,基于前期果实识别的基础数据生成柚子目标相对于末端夹持器的空间关系坐标,以此实现末端夹持执行器多果实目标的精准定位夹持。

②采用深度学习算法对柚子图像样本进行训练,达到识别作业目标及目标的三维重构目的。

③根据农业机器装置作业的多变复杂环境,针对农业机器人的移动平台共性技术,通过仿真计算、算法优化等,达到农业机器装置移动平台在可变作业场景下的可靠稳定运行。

7.21.3　关键技术和主要技术指标

(1)机械臂伺服位姿控制

采用多套平行四连杆机构嵌套结构,实现末端夹持与切割执行器的升降与伸缩调整,同时保证末端夹持与切割执行器始终保持水平姿态。连杆型机械臂整体性安装在底部的回转支撑齿轮之上。回转支撑齿轮的安装底座采用焊接式结构。机械臂的升降、伸缩与回转传动装置均布置于回转支撑齿轮上方的框架式安装面板上,并对机械臂的运动学进行正向和逆向解析,而整体的机械臂将由三菱 FX5U 可编程控制器搭配上位机,通过 C#编程来进行主要控制。

(2)车体导航与移动控制

机器人通过相机来获取图像,通过图像处理算法分析路况,车体的移动控制通过 ROS 机器人软件平台实现,运用 YOLO 深度学习目标识别算法在提高识别目标速度的同时有较高的检测精度,基于 ROS 操作系统,智能小车搭载 IMU 传感器建立实验平台,并在此平台上进行 IMU 确定性误差标定,同时结合改进后的 SLAM 导航算法进行智能小车 SLAM 自主导航实验。

(3)果实目标的识别与定位

通过深度学习算法对对象的目标识别实现了目标检测。

7.22　基于华为云的秸秆称重打包一体机

7.22.1　案例简介

研究如何精准地将整体秸秆或粉碎秸秆进行称重打包。首先该装置配备独立的秸秆取样机,取样后送入秸秆含水率检测仪进行检测,然后利用称重传感器返回重量值,从而控制进料口进料量,进而达到精准控制秸秆压缩打包的目的。该装置利用华为云云平台,可对秸秆进行自我识别,然后与数据库中存储的数据进行比对,从而针对不同种类、不同形态的秸秆,自动修改工作变量与工作形式。当装置出现故障时,会发出故障警报,同时针对常见故障会进行自我修复,如发生粘带故障时,会自动调整带道的宽度。同时该机器操作系统引用了 5G

技术,能实现远距离快速、精确控制。

7.22.2　主要创新点

①将华为云云平台、PLC 技术、组态技术与秸秆打包装置相结合,更加智能。

②独立的秸秆采样装置,使采取的数据更加精确。

③应用云计算与云存储技术,对装置简单故障能自我修复,同时用户能够监测每年每片区域秸秆产量,知晓其产生的效益。

④根据秸秆种类与形态不同,该机器可自我识别后与数据库中数据进行比对,自我修改工作参量与工作方式。采用 MySQL 关系系型数据库管理系统,将含水率、秸秆重量数据保存在不同的表中,加快了数据存储速度并提高了灵活性。

7.22.3　关键技术和主要技术指标

①独立取样机自动导航技术。

②MySQL 关系型数据库管理系统的应用,加快了秸秆含水率、重量数据的存储数据速度并提高了灵活性。

③5G 技术与卡尔曼滤波算法的结合,使得重量传感器评判更加灵敏。

④将云平台大数据分析技术与云计算技术应用与该装置控制系统的结合。

⑤组态设备与台达 PLC 通信技术,远程修改下载 PLC、触摸屏程序,自动检测报警及云储存服务。

7.23　基于仿生视觉与柔性抓取的柑橘采摘机器人

7.23.1　案例简介

一种基于仿生视觉与柔性抓取的柑橘采摘机器人,主要由采摘硬件平台、仿生视觉系统和软体机械末端组成。首先,搭建采摘机器人的硬件平台,规划相机与机械臂的相对位置。然后设计一种基于仿生视觉理论的水果采摘顺序规划方法,综合考虑每个果实的品质和深度距离,根据优先采摘品质好、距离近的原则,计算出一组果实采摘先后次序。采摘机器人的控制系统接收到采摘次序对应的果实坐标,利用 ROS 系统控制机械臂,上位机控制软体末端进行采摘。通过设计仿生视觉方法开发采摘机器人类人思维,使采摘机器人具有非结构环境下的决策能力,能够优先采摘成熟度较高、品质较好的水果,促进优质果实更快向市场流动,有效扩大果实产业利润空间。

7.23.2　主要创新点

①基于仿生视觉实现水果采摘顺序规划,个性化采摘优质水果。设计了基于仿生视觉的采摘顺序规划算法,将人脑认知机制移植于机器人,赋以类人化思维模拟人脑认知决策的过程。

②自主设计仿生柔性末端,实现水果无损和高效采摘。设计的末端执行器具有刚柔结合

的抓取结构。利用柔性材料打印而成的仿生夹爪抓取较牢固,可自适应不同外形的水果。

7.23.3　关键技术和主要技术指标

(1)设计理念

通过摄像头采集图像数据后对果实进行检查和定位,得到抓取点坐标后通过 ROS 机器人平台发送到机械臂移动。移动到采摘点后上位机发送信号到单片机,单片机控制软体夹爪抓取水果、剪刀剪断果梗,最后移动回到初始点,完成采摘。

(2)关键技术

①果实识别与定位系统:Kinect V2 采集图像信息,利用深度学习技术对树上果实进行实时检测,根据实中心深度信息计算果实三维坐标,完成果实识别与取点定位,并把坐标通过 ROS 系统发送到机械臂。

②机械臂及末端控制系统:主要硬件是六轴机械臂和软体末端,接收到果实的三维坐标后,由 ROS 系统进行运动规划和路径规划并控制机械臂执行动作,软体末端由 STM32 单片机控制夹爪,执行采摘动作。

③剪夹混合式末端执行器设计:本作品基于鳍条效应设计了仿生柔性夹爪,采用 TPU 柔性材料,利用 3D 打印技术制作而成柔性机械手可自适应不同尺寸、形状和重量的柑橘。夹爪上方安装气动剪刀,利用气压驱动剪切机构快速切断果梗,对果实损伤小,采摘效率高。

7.24　基于图像识别的三七分级并联 Delta 机器人

7.24.1　案例简介

针对实际作业需求,结合机器视觉技术,研制了一台识别精度高、分级效率高的三七分级并联 Delta 机器人。设计给出了机械系统、视觉检测系统以及控制系统的设计方案,并确定了整机设计参数及硬件选型;采用 C#设计主程序以及控制面板,以并联 Delta 机器人作为执行机构,设计了一种柔性机械爪作为终端执行器,用于夹持形状不规则的三七。3D 打印出机械臂、机械爪,用步进电机取代伺服电机,以 STM32 单片机为控制核心,以较低的成本实现了三七的精确、高效分级。

7.24.2　主要创新点

采用 STM32 单片机作为总控制核心,使用方便,成本低廉。通过 SolidWorks 建立模型,准确设计并联 Delta 机器人,实现运动仿真及动力学分析,且用 3D 打印机制作驱动臂、终端运动平台以及机械爪,大大降低成本。用步进电机取代伺服电机,减少成本,且能通过调整单片机发送脉冲的时间间隔可以实现伺服电机的复杂轨迹。考虑到三七主根形状不规则,设计以橡皮筋为柔性部件的机械爪。采用导轨式接线端子进行线路连接,布线清晰,提高接线效率、方便排查错误。根据大量试验,参考三七投影面积-质量预测方法,将三七长宽比、图像分割计算的体积作为质量预测依据,得出更准确的识别分级效果。

7.24.3 关键技术和主要技术指标

在软件设计中,充分考虑了程序的可拓展性及可靠性。STM32单片机在整个系统中主要负责指令的接收及对步进电机的控制。利用C#作为主要开发语言编写了Delta机器人反解程序、轨迹规划程序以及控制界面。电路部分大量采用轨道式接线端子排进行线路的排布,整个分级系统采用220 V电源,42减速步进电机驱动传送带运动,57减速步进电机驱动机械臂运动,气缸驱动机械爪完成抓取工作。视觉检测部分将待分级三七主根的位置信息以及等级信息发送给上位机。采集三七图像,细分为多个圆台或圆锥,将三七轴线分段,计算各圆台体积,积分得到三七估计体积,与称重质量进行回归分析,得到体积质量预测模型。视觉检测识别到的三七通过模型得出预测质量。执行机构包括Delta机械臂及柔性机械爪。上位机获取对应三七脉冲数与等级,解算出目标三七在机器人运动空间的抓取、放置坐标,规划出机械臂运动轨迹,逆解出步进电机角度,生成指令并发送至单片机,控制机械臂转动以及机械爪的抓取打开。

7.25 金银花清杂烘干装置

7.25.1 案例简介

该项目是将机械控制和电气控制相结合的装置,金银花清杂烘干装置主要分为传送清杂机构和消毒烘干机构。整个工作过程是将收获下来的金银花通过传送带输送,同时,一侧风机风选清杂,金银花在托盘中通过传送带的输送,进入旋转烘干机构。旋转加热区装有湿度传感器,根据湿度传感器反馈的结果,利用单片机控制紫外线发热金属管,进行紫外线消毒和加热金属管加热。当金银花到达到规定湿度后,完成工作,机器自动停止。金银花清杂烘干装置将机械和电气相结合实现自动化作业,提高制备效率,改善制作工艺,从而促进金银花产业的发展。

7.25.2 主要创新点

①紫外线消毒装置:模仿太阳光直射,在加热的同时进行消毒和杀菌;

②采用梯度温度加热:在不同的模式下采取对湿度的不同要求控制,用来实现加工后产品的不同用途;

③旋转加热方式:模仿人工炒制方式,达到加工出更高质量的产品的要求;

④风机风选清杂:控制风机功率,把金银花中叶子、灰尘等杂质吹出。

7.25.3 关键技术和主要技术指标

金银花清杂烘干装置主要分运送传送带、风机风动清洗装置、湿度检测装置、转动烘干装置、紫外线消毒装置和抽气排湿装置等组成。

①运送传送带装置:实现金银花风动清洗装置和转动加热装置之间的运送。

②风选清杂装置:利用风吹动将金银花中的叶子以及灰尘等杂质吹出。

③湿度监测控制装置:利用探测头检测湿度,并且反馈给转动加热装置。

④转动烘干装置:在 PLC 的控制下,根据湿度检测控制装置的反馈结果和产品要求,自动进行烘干加热装置。

⑤紫外线消毒装置:模拟太阳光照射,对金银花杀菌消毒。

⑥抽气排湿装置:用风机将内部湿热空气抽出。

7.26 基于深度学习的大豆籽粒智能筛选与自动分装装置

7.26.1 案例简介

本小节应用机器视觉技术和机械振动原理,设计了集数量统计、分选剔除、定量分装于一体的全自动化大豆籽粒分选装置,装置由机械系统、控制系统、视觉系统三部分组成。机械部分采用模块化设计方法,分别设计能够实现籽粒整列运送及全表面暴露的振动轨道模块、能够剔除残次籽粒的剔除模块、能够对籽粒进行定量装袋的分种盘模块。控制部分用于实现整机自动化运行,以 STM32F103 单片机为内核,综合控制三个模块中的所有电子元件,并与嵌入式开发板进行通信,以 LCD 触摸屏搭建 GUI 交互界面,方便用户操作。视觉部分基于改进后的 YOLOv5s 算法搭建识别系统,并进行嵌入式部署,能够精准识别病变、虫蚀、裂纹的残次籽粒。

7.26.2 主要创新点

设计一种振动轨道模块,利用机械振动原理实现籽粒的整列运送与全表面暴露,以实现对椭球型籽粒的外表面的全面检测;搭建了基于改进后的 YOLOv5s 算法的视觉检测模型,在原有网络的基础上添加了注意力机制模块,实现对籽粒类型精准判别;将机器视觉检测与光电检测组合使用,前者用于籽粒类型判别,后者对残次籽粒二次检测,检测结果作为剔除信号,保证残次籽粒精准剔除。

7.26.3 关键技术和主要技术指标

(1)关键技术

应用 TRIZ 理论提出整体模块化的方法,设计三维模型,通过 EDEM 软件模拟籽粒在轨道上运送的过程;对 YOLOv5s 算法进行改进,添加了注意力机制模块,将浅层特征采样到的关键点进行增强学习;自主搭建控制系统,综合控制振动送料器振动、光电传感器二次检测、电磁推杆剔除籽粒、分种盘转换种袋等工序。

(2)技术指标

籽粒识别筛选精度:96.9%;装袋精度:98.1%;筛选分装速度:120 粒/min。

7.27　一种航空施药轨迹规划及变量施药监控系统

7.27.1　案例简介

①通过对比分析人工智能算法、蚁群算法、Hopfield 神经网络算法和遗传算法的优缺点，开发出合适的人工神经网络自学习算法，并结合牛耕单元分解法和栅格法等全覆盖航线规划算法，针对不同地形规划出最优三维航线。

②提出一种能够准确检测计算出药箱药液使用情况的方法。

③通过研制出基于多信息融合的航空变量施药作业监控装置，量化航空施药效果，指导航空施药作业。

7.27.2　主要创新点

本小节创造性地提出了一种航空变量施药的三维航线规划方法。仔细分析研究多种不同的二维全覆盖航线规划算法，结合多种算法的优点，提出一种三维全覆盖航线规划算法。该系统不仅可以实时对飞机的飞行状态进行监测，还创造性地对飞机喷药流量和剩余药液进行实时监测，并且可以对施药情况进行实时调控。该装置成本低，操作简单易懂，具有较大的使用价值和应用前景。

7.27.3　关键技术和主要技术指标

①基于人工神经网络自学习算法多区域作业三维全覆盖最优航线研究在飞机空间轨迹规划过程中，由于飞机作业面积大，并且飞行半径大，所以同时多区域进行作业，可提高作业效率，节约无效飞行。多区间航线规划采用蚁群算法和遗传算法有机结合方式。可发出人工神经网络自学习算法整合单区域的三维全覆盖航线与多区间航线规划出最优空间轨迹。

②基于多元信息融合的航空变量施药监控系统开发硬件上，采用飞行高度传感器、飞行速度传感器、微惯性检测组合（MIMU）、GPS 等多元传感器实时检测飞机的飞行状态，采用流量传感器和液位传感器对药液的使用情况进行实时数据采集。控制器采用体积小、功能全的 STM32F103VCT6 型号单片机进行控制。软件上，开发出基于多信息融合的单片控制算法。对传感器检测的信号进行融合处理。例如，在航空施药作业过程中，检测药液余量面临多种问题，主要有药液面波动剧烈、药液的理化特性各异、药箱空间小等问题。常见液位测量方法用于航空施药过程中药箱液位测量时存在的一定的局限性，因此本课题拟采用去除法计算出药液使用情况，即在飞行前检测药液量，在施药过程用流量计实时监测喷出药量，再计算出药量余量。

7.28 智能可拆卸静电喷雾机电驱动系统

7.28.1 案例简介

精细农业的发展对施药作业提出了更高的要求。静电喷雾是一种使液体流经喷头雾化后充上电荷的技术,它使带电液滴在静电场力和其他外力的混合作用下沿着一定的方向运动,并能够吸附到目标上面。静电喷雾的雾滴穿透力比较强,靶标命中率高,小雾滴飘失少,覆盖植物表面比较均匀。喷雾驱动系统用于驱动喷雾模块的压电材料,喷雾驱动装置包含驱动电路、控制电路及回授电路。控制电路用来控制驱动电路,驱动电路以一定的驱动频率驱动压电材料时,回授电路检测到压电材料所回收的电性数据并传送至控制电路,控制电路依据电性数据控制驱动电路以工作频率驱动压电材料。

7.28.2 主要创新点

①采用静电喷雾技术,使带电液滴在静电场力和其他外力的混合作用下沿着一定的方向运动,使农药很好的吸附到目标上,解决农作物喷洒农药时存在着滴、漏和防风效果不好的问题。

②驱动系统可拆卸,可装载在各种类型喷药机上,比传统喷药机更加精准地变量喷药,能够解决农业喷药过程中农药的过量使用,减少水(化肥)的用量。

③采用氢镍蓄电池及光伏混合供电,在工作过程中不对环境造成污染,节能环保,保证设备具有全天候运行的条件。

7.28.3 关键技术和主要技术指标

(1)静电喷雾机

静电喷雾机以高速离心式风机为动力,采用低压直流电源供电提供电磁场,采用平无极直流电刷平稳运行,无换向火花、可靠度高且实用性强。当药液经过喷头时产生了高压静电,从喷头喷出后变成带有静电荷的雾滴。雾滴喷洒均匀,叶子正背面和枝干上都能均匀地吸附雾滴。利用风机强力气流将含药雾的风送到远处,再采用低量喷雾、静电喷雾技术,增加雾滴附着性能。

(2)驱动系统

驱动系统由控制器、GPS-北斗卫星接收器、总阀、比例阀、流量传感器、压力传感器、区段阀、连接导线、TFT-LCD 显示器、氢镍蓄电池和光伏发电板组成。该系统根据车辆前进速度的变化,实时控制喷药压力,使实际喷药效果更加均匀,并提供关于车辆前进速度、作业总面积和局部面积、喷药量体积和局部体积、压力、流量、喷药速率等信息。只要将"目标速率"输入系统,实际速率将由系统根据设定的速率自动控制。相比于传统喷药作业,能够节省大量的人力成本和农药成本。

7.29 无人机梨花授粉

7.29.1 案例简介

针对梨花授粉过程人工授粉强度大、效率低问题,研发了一种无人机授粉装置。该装置提出一种新型无人机授粉机方式,通过图像采集装置采集花朵分布图片,经正向离散余弦变换和逆向离散余弦变换 JPEG 压缩算法压缩后,数据传输至 STM32 单片机,处理后经数据模块传输至云端服务器,计算出无人机当前运动状态。结合遥控器控制信号,输出 PWM 值控制电机转速,远程操控无人机飞行路径,实施对无人机喷头路径上的雌花精准授粉。计算每亩花朵分布的平均密度,结合流量计,计算出所需的花液流量大小。无人机具有结构简单、质量轻便、模块化设计,使各部分零件易于拆装更换,降低维修成本。

7.29.2 主要创新点

①利用图像采集装置实现精准授粉。将采集到花朵的分布密度经 JPEG 算法转换成数据传输 STM32 单片机,控制无人机的行走路程。

②模块化设计。使各部分零件易于拆装更换降低维修成本。

③利用单片机系统进行远程操控。数据通过无线传播,可以实现无人机在手机、电脑异构端的远程操控。

7.29.3 关键技术和主要技术指标

以 STM32 单片机为控制核心,远程操控无人机的飞行姿态,运用图像采集技术采集花朵分布状态,将采集的数据经过 JPEG 算法压缩和 VSCC 算法处理过后通过无线传输到电脑或手机上。本作品模块化程度高,易于拆卸调试。CC1101 无线收发模块与图像采集装置外部连接使开发环境方便灵活,实现无人机的超低功耗、精准喷洒药液。

7.30 基于 PWM 的电控精量喷嘴体研发与应用

7.30.1 案例简介

项目研发一种电控精量喷嘴体及驱动器。喷嘴体主要由电磁控制机构和喷头两部分组成,其主要包括电磁线圈、定铁芯、阀芯、复位弹簧等,工作原理为基于对阀芯动作特性的电磁控制。驱动器由 PIC 单片机和开关组成,PIC 单片机输出高低电平控制信号控制 CMOS 开关(1 控制 6/8-可扩展)通断组合联合控制喷嘴喷药量。安装在喷杆的精量喷嘴体均由一个独立控制器控制,当 PIC 单片机输出 PWM 方波信号为高电平时阀芯即打开,低电平时阀芯即关闭,通过改变 PWM 方波信号的频率(10～30 Hz)、占空比(0～100%)等特征调节阀芯在单个周期内启闭时间,以实现单个喷头的流量动态实时调整(流量调节范围:10%～90%)。所研制的喷嘴体可安装在植保机上,控制系统响应快且喷洒效果好。

7.30.2　主要创新点

①电控精量喷嘴体工作原理是基于对阀芯动作特性的电磁控制,电磁控制机构在高频率(10~30 Hz)能实现高速通断功能,在提高喷雾压力的同时控制喷雾流量,具有喷洒效果好、安装简单、密封性好等优点,适用于多数植保机械,具有良好的推广空间。

②控制系统独立控制单个喷头,安装在喷杆上的电控精量喷嘴体均由独立的 CMOS 开关控制,可用于精量喷雾,能实现喷杆单个喷头喷药量按需调节,进一步提高精量喷雾的精准化和智能化。

7.30.3　关键技术和主要技术指标

①电磁控制原理。电磁控制机构动作原理为:电磁线圈两侧电压不同其通过的电流大小也不同,由电磁力公式 $F=BIL$ 可知,电磁线圈通过的电流越大,其对阀芯的吸力越大,即电磁线圈吸合阀芯的行程不同,中央通孔的进水量也会相应改变,最终达到精量喷雾的目的。

②PWM 控制技术。安装在喷杆的精量喷嘴体均由独立控制器控制,系统通过调节 PWM 方波信号的频率、占空比等特征能够分别控制各喷嘴电磁执行机构阀芯的高速启闭实现变量施药要求,无需改变喷药系统压力,喷雾控制单元可控制多个电控喷嘴体。

③电路集成技术。驱动器由 PIC 单片机和开关组成。PIC18F258 单片机最多可连接 8 个电子开关,若有需要,可增加单片机数,单片机之间采用 CAN 总线通信,可控制喷嘴体数不限数量,PIC 单片机输出高低电平控制信号控制 CMOS 开关通断组合联合控制喷嘴喷药量。

④农机 CAN 总线通信技术。为方便精量喷雾控制系统接入无人驾驶施药机的 CAN 总线通信网络,与其他 ECU 进行通信,设计 CAN 总线通信电路并预留通信节点智能耕作。

参考文献

[1]《现场总线技术》项目指导书.广东工业大学信息工程学院.2011.

[2] 陈杰平,乔印虎,王娟.机电一体化技术实训指导书,安徽科技学院校内实训自编教程.2008.

[3] 西门子 S7-300 编程指导教程.2013.

[4] 高月宁,李萍萍,等.机电一体化综合实训[M].电子工业出版社,2014.

[5] 尹志强,等.机电一体化系统设计课程设计指导书[M].机械工业出版社,2007.

[6] 王升海.智能农机实施的关键技术分析[J].农机使用与维修.2020,9:30-31.

[7] 孙红敏,贾银江,等.数字农业技术及应用[M].中国农业出版社,2020.04.

[8] 王晓丽,安胜鑫,张国峰,等.基于云平台的智能灌溉控制系统[J].农业工程,2022,12(6):55-59.

[9] 芦天罡,张辉鑫,唐朝,等.基于农业物联网的日光温室智能控制系统研究[J].现代农业科技,2022,2:147-151.

[10] 陈文杰,胡正银,胡靖,等.多维数据驱动的粮食安全分析与智能决策系统研究与实践[J].数据与计算发展前沿,2021,3(6):1-16.